DK 622.235.004.15 622.235.511.004.15
622.233.4./7. 622.152

AF773385

FORSCHUNGSBERICHTE
DES WIRTSCHAFTS- UND VERKEHRSMINISTERIUMS
NORDRHEIN-WESTFALEN

Herausgegeben von Staatssekretär Prof. Dr. h. c. Leo Brandt

Nr. 395

Dipl.-Ing. Ludwig Hahn

Gesellschaft zur Förderung der Forschung auf dem Gebiet der Bohr-u. Schießtechnik e. V. (GFBS)
Forschungsstelle Clausthal

Untersuchungen
zur Frage des optimalen Bohrloch- und Patronendurchmessers

Als Manuskript gedruckt

WESTDEUTSCHER VERLAG / KÖLN UND OPLADEN

1957

ISBN 978-3-663-03233-5 ISBN 978-3-663-04422-2 (eBook)
DOI 10.1007/978-3-663-04422-2

Gliederung

Vorwort . . . . S. 6

1. Derzeitiger Stand der Anschauungen über das optimale Kaliber . . . . S. 7

1.1 Bohrtechnische Anschauungen . . . . S. 7

1.11 Literaturangaben über die Beziehungen zwischen Schneidendurchmesser und Bohrgeschwindigkeit . . . . S. 7

1.12 Sonstige bohrtechnische Einflüsse des Schneidendurchmessers . . . . S..13

1.2 Schießtechnische Anschauungen . . . . S. 16

1.21 Einfluß des Patronendurchmessers auf den Detonationsvorgang . . . . S. 17

1.22 Sprengtheoretische Einflüsse des Kalibers beim Gesteinssprengen . . . . S. 20

1.23 Ergebnisse von Betriebsversuchen, Betriebserfahrungen . . . . S. 24

1.3 Gesichtspunkte für die Wahl des Bohrloch- und Patronendurchmessers . . . . S. 29

2. Die Aufgabe und Planung der Versuche . . . . S. 31

2.1 Die Aufgabe . . . . S. 31

2.2 Die Planung der Versuche . . . . S. 31

2.21 Grundsätzliche Forderungen . . . . S. 31

2.22 Arbeitsplan . . . . S. 32

2.23 Versuchsort . . . . S. 33

3. Bohrversuche . . . . S. 34

3.1 Grundsätzliches zur Versuchsmethode . . . . S. 34

3.2 Technische Einrichtung . . . . S. 34

3.21 Bohrgerät . . . . S. 35

3.22 Vorschubgerät . . . . S. 35

3.23 Druckluft- und Wasserarmaturen . . . . S. 36

3.24 Verschleißmeßgeräte . . . . S. 37

3.25 Bohrloch-Kalibermesser . . . . S. 38

3.3 Durchführung der Bohrversuche . . . . S. 40

3.31 Personal . . . . S. 40

3.32 Verfahrenstechnik . . . . S. 41

3.33 Versuchsreihen . . . . S. 42
3.4 Ergebnisse . . . . S. 42
3.41 Die Bohrgeschwindigkeit als Funktion der Vorschubkraft . . . . S. 42
3.42 Quantitativer Zusammenhang zwischen Schneidendurchmesser und Bohrgeschwindigkeit . . . . S. 45
3.43 Umrechnung der Bohrgeschwindigkeit auf beliebige Schneidendurchmesser . . . . S. 52
3.44 Beziehungen zwischen Schneidendurchmesser und ausgebohrtem Volumen . . . . S. 55
3.441 Das Bohrlochprofil . . . . S. 56
3.442 Das in der Zeiteinheit ausgebohrte Volumen . . . . S. 56
3.443 Der optimale Schneidendurchmesser . . . . . . S. 57
3.45 Beziehungen zwischen Schneidendurchmesser und Schneidenverschleiß . . . . S. 65
3.46 Kritischer Vergleich der Ergebnisse mit den bisherigen Anschauungen . . . . S. 70

4. Schießversuche zur Klärung der Beziehungen zwischen Patronendurchmesser und Schießerfolg . . . . S. 75
4.1 Patronendurchmesser und Schießerfolg . . . . S. 75
4.2 Versuche mit Einzelschüssen . . . . S. 75
4.3 Versuche in Mehrschußanordnung . . . . S. 76
4.31 Probleme und Möglichkeiten . . . . S. 76
4.32 Durchführung der Versuche . . . . S. 78
4.33 Brauchbarkeit der entwickelten Versuchsmethode . . . . S. 80
4.4 Versuchsergebnisse . . . . S. 82
4.41 Ergebnisse der verschiedenen Versuchsserien . . . . . S. 82
4.42 Auswertung der Ergebnisse . . . . S. 82

5. Betriebsversuche im Streckenvortrieb . . . . S. 90
5.1 Ziel der Betriebsversuche . . . . S. 90
5.2 Grundsätzliches zur Versuchsmethode . . . . S. 91
5.3 Durchführung der Betriebsversuche . . . . S. 91
5.31 Die Versuchsstrecken, ihre Belegung und Ausrüstung . . . . S. 91

5.32 Protokollierung der Versuche . . . . S. 92
5.33 Konstante und abgewandelte Versuchsdaten . . . . . . S. 92
5.4 Versuchsergebnisse . . . . S. 94
5.41 Kennziffern aller Versuche . . . . S. 94
5.42 Kostenermittlung . . . . S. 94
5.421 Arbeitskosten . . . . S. 96
5.422 Bohrkosten . . . . S. 97
5.423 Sprengmittelkosten . . . . S. 99
5.424 Kaliberabhängige Gesamtkosten . . . . S. 99
5.43 Vergleich der Optimalwerte . . . . S. 99
5.431 Kaliberabhängige Gesamtkosten . . . . S. 99
5.432 Lochzahl je Abschlag und Bohrmeter je fm^3 . . . S. 103
5.433 Abschlaglänge und Ausbruchmenge . . . . S. 104
5.434 Der spezifische Sprengstoffverbrauch . . . . . S. 105
5.5 Kritischer Vergleich der Ergebnisse mit den bisherigen Anschauungen . . . . S. 106
5.6 Einige weitere Gesichtspunkte für die Kaliberwahl . . . . S. 107
6. Zusammenfassung . . . . S. 109
7. Literaturverzeichnis . . . . S. 111

Vorwort

Die Frage des optimalen Bohrloch- und Patronendurchmessers bewegt fast alle Bergbauzweige seit langem. Grundlegende Untersuchungen darüber scheiterten jedoch an den beschränkten Möglichkeiten des einzelnen Betriebes. Die auf Initiative von Herrn Professor Dr.-Ing. G. DORSTEWITZ gegründete Forschungsstelle für Bohr- und Schießtechnik am Institut für Bergbaukunde und Bergwirtschaftslehre der Bergakademie Clausthal schuf die Voraussetzungen für die Durchführung umfassender Untersuchungen Auf Anregung von Herrn Professor DORSTEWITZ wurde als eine der ersten größeren Aufgaben nachstehende Arbeit in Angriff genommen. Es ist mir deshalb eine angenehme Pflicht, ihm an dieser Stelle meinen Dank auszusprechen.

Die für die Versuche erforderlichen Mittel wurden vom Wirtschaftsministerium des Landes Nordrhein-Westfalen, der Deutschen Forschungsgemeinschaft und den in der Gesellschaft zur Förderung der Forschung auf dem Gebiete der Bohr- und Schießtechnik (GFBS) zusammengeschlossenen Bergbauzweigen zur Verfügung gestellt. Darüber hinaus wurden die Arbeiten in großzügigerweise unterstützt durch die Dynamit-AG sowie insbesondere durch das Erzbergwerk Rammelsberg der Unterharzer Berg- und Hüttenwerke GmbH, das Versuchsörter, Werkstätten und Personal in sehr entgegenkommender Weise zur Verfügung stellte. Allen genannten Stellen, insbesondere aber Herrn Bergwerksdirektor Dipl.-Ing. E. KRAUSE, gilt mein besonderer Dank.

Nicht zuletzt danke ich auch Herrn Obering. H. LÜCK (Forschungsstelle Clausthal der GFBS) für seine wertvollen Hinweise und Anregungen sowie den herren cand. rer. mont. BROKHOF, BÖSSELMANN, HESSBRÜGGE, STROSING und BÖMERS, die mich bei der Durchführung der Versuche tatkräftig unterstützten.

Der Verfasser

1. Derzeitiger Stand der Anschauungen über das optimale Kaliber

Die Frage des optimalen Bohrloch- und Patronendurchmessers wird in den letzten Jahren zunehmend stark diskutiert. Es lassen sich dabei verschiedene, z. T. widersprechende Entwicklungstendenzen feststellen. Während sich in Tagebaubetrieben möglichst große Bohrlochdurchmesser mehr und mehr durchsetzen und bereits zu einer gut durchentwickelten neuen Abbautechnik, dem Großbohrlochsprengen, geführt haben, strebt die Entwicklung im Grubenbetrieb in verschiedene Richtungen. Im westeuropäischen und amerikanischen Erzbergbau setzt sich das Kleinkaliberbohren mehr und mehr durch [1)], in der Sowjetunion und den osteuropäischen Ländern werden dagegen in den letzten Jahren zunehmend größere Loch- und Patronendurchmesser gefordert und eingeführt.

Die starken Widersprüche in der Beurteilung des optimalen Kalibers sind darauf zurückzuführen, daß dieses Problem sowohl bohrtechnischer als auch schießtechnischer Art ist und nur in Verknüpfung beider Teilgebiete gelöst werden kann. Während bohrtechnisch gesehen Einstimmigkeit wenigstens darüber herrscht, daß unter sonst gleichen Betriebsbedingungen mit einer kleineren Bohrschneide größere Bohrgeschwindigkeiten erzielt werden, differieren die Ansichten bei der schießtechnischen Beurteilung des kleineren Lochdurchmessers sehr stark. Der Grund liegt darin, daß der Sprengstoffverbrauch in der Grube vielleicht mit mehr schwierig oder gar nicht erfaßbaren Unbekannten verbunden ist, als alle anderen Tätigkeiten des Bergmanns zusammengenommen. DORSTEWITZ [14] faßte die Problematik 1950 dahingehend zusammen, daß eine abschließende Beurteilung der Kaliberfrage kaum möglich ist, ehe nicht der schlüssige Beweis geführt sei, daß die Vorteile des Kleinkaliber-Bohrens nicht durch Nachteile in der Schießarbeit wieder aufgehoben werden.

1.1 Bohrtechnische Anschauungen

1.11 Literaturangaben über die Beziehungen zwischen Schneidendurchmesser und Bohrgeschwindigkeit

Qualitativ steht fest und ist einleuchtend, daß die Bohrgeschwindigkeit mit abnehmendem Schneidendurchmesser wächst. Über die quantitativen Zu-

1. Der Steinkohle sind durch die gegebenen Mindestdurchmesser der Wettersprengstoffe in dieser Entwicklung gewisse Grenzen gesetzt

sammenhänge bestehen dagegen sehr stark voneinander abweichende Anschauungen, die teils auf theoretischen Ableitungen, teils auf Bohrversuchen beruhen. Die Tatsache, daß selbst systematische Untersuchungen zu stark widersprechenden Aussagen führen können, ist ein Beweis dafür, wie stark Bohrergebnisse durch die vorliegenden Betriebsbedingungen beeinflußt werden und beweist die Notwendigkeit, die verschiedenen Einflußgrößen genauestens zu kontrollieren und gegebenenfalls auszuschalten.

In Tabelle 1 sind verschiedene im Schrifttum angegebene Formeln zusammengefaßt. Zum besseren Verständnis wurden in allen Formeln die gleichen Symbole benutzt und umfassendere Gleichungen auf die reinen Beziehungen zwischen Schneidendurchmesser und Bohrgeschwindigkeit zurückgeführt.

Am häufigsten erscheint im Schrifttum die Beziehung

(1) $$v_x = v \cdot \left(\frac{d}{d_x}\right)^2$$

Auffallenderweise ist gerade diese Formel praktisch in keinem Fall durch eine größere Reihe von Bohrergebnissen in den betreffenden Aufsätzen belegt. Ein Nachweis durch 2 oder 3 Bohrwerte reicht mathematisch nicht aus, da man 2 Punkte durch die verschiedensten Kurven verbinden kann und bei 3 Punkten, insbesondere, wenn diese auf Beobachtungen im Betrieb beruhen, der Zufall eine große Rolle spielt. Die Arbeit von MEDWEDKO [57], dessen theoretisches Ergebnis durch Versuchsergebnisse belegt sein soll, war in Deutschland nicht zu erhalten, so daß nicht überprüft werden konnte, ob die Versuchsbedingungen und Bohrwerte im einzelnen darin aufgeführt sind. FRAENKEL [23, 24] hat seine Formel in einer späteren Arbeit [25] korrigiert.

Die reziprok-quadratische Beziehung zwischen Bohrgeschwindigkeit und Schneidendurchmesser beruht letzten Endes auf der Voraussetzung, daß in der Zeiteinheit gleiche Volumen ausgebohrt werden. Man geht dabei von der Vorstellung aus, daß die an der Schneide unabhängig vom Kaliber zur Verfügung stehende Energie in die gleiche Nutzarbeit umgesetzt wird, die ihrerseits der Menge des losgelösten Bohrkleins direkt proportional sei.

Daß diese Annahme irrig ist, wurde von einigen der nachfolgend zitierten Forscher nachgewiesen und wird auch durch die Ergebnisse der vorliegenden Arbeit bestätigt werden.

Tabelle 1

Übersicht über die im Schrifttum angegebenen Beziehungen zwischen Schneidendurchmesser und Bohrgeschwindigkeit

Formel	Formel angegeben von	in Lit.	Bemerkungen
(1) $v_x = v \cdot (\frac{d}{d_x})^2$	SUCHANOW	87	
	FRAENKEL	23,24	später korrigiert (s. Formel 3)
	JESCHKE	38,39	ohne Bohrwerte od. näh. Begründ.
	MEDWEDKO	57	theor. Ableit. u. Versuchsergebn.
	ZARIZYN	104	theoretisches Ergebnis
	AUDIBERT	7	nur am Rande erwähnt
	BRUN	11	nur 2 (problem.) Bohrwerte
	TCHOULAKIAN	89	ohne nähere Begründung
	AGOSCHKOW	90	nach Terpigorew: Versuchsergebnis
	MONDANEL	60	"mit 10% Annäherung gültig"
	SIMPSON u. PARRY	83	
(2) $v_x = v \cdot \frac{d}{d_x}$	COEUILLET	12	
	KLUBNITSCHKIN u. RIWKIN	43	mit zahlreichen Bohrwerten
(3) $v_x = v \cdot (\frac{d+3,0}{d_x+3,0})^{2,3}$	FRAENKEL	25	nach systemat. Bohrversuchen
(4) $v_x = v \cdot \left[c + \frac{d}{d_x}(a + b \cdot \frac{d}{d_x})\right]$	KOSCHULKO	45	mit ausführl. Bohrergebnissen, Formel in Lit.43 widerlegt
(5) $v_x = \frac{a}{d_x} - b \cdot d_x + c$	MOSTKOW	62	theor. abgeleitet. Bohrwerte nicht angegeben, aber angeblich durch >200 Beobachtungen bestätigt.
keine Formel angegeben	MUCHIN	63	funktioneller Zusammenhang von verschiedensten Betriebsbedingungen (Gestein, Bohrgerät u.ä.) abhängig
(6) $v_x = v \cdot (\frac{d}{d_x})^m$	SCHRAJMAN u. SCHAMRAJ	81	
(7) $v_x = a \cdot d_x + b$	ZEPPERNICK	105	Versuchsergebnisse und praktische Betriebserfahrungen
	JAHN	35	
	LIMPER	55	

In den Formeln bedeuten:

v_x = Bohrgeschwindigkeit [cm/min] bei einem Schneidendurchmesser d_x [cm],

v = Bohrgeschwindigkeit [cm/min] bei einem Bezugskaliber von d [cm],

a,b,c,m = von Versuchsbedingungen (Gestein, Bohrgerät u.a.) abhängige Koeffizienten.

KOSCHULKO [45] leitet auf Grund von Bohrversuchen, die sich auf Schneidendurchmesser von 30 bis 85 mm in Abstufungen von 5 mm erstreckten, sowie theoretische Überlegungen folgende Beziehung ab:

$$\frac{v_x}{v} = c + \frac{d}{d_x} \cdot (a + b \cdot \frac{d}{d_x}). \qquad (4)$$

Die Koeffizienten a, b und c sind darin gesteinsbedingt und wurden von KOSCHULKO für die bei seinen Versuchen vorliegenden Bedingungen zu a = 0,64, b = 0,11 und c = 0,25 bestimmt. Für diesen Fall erhält die Gleichung demnach die Form

$$\frac{v_x}{v} = 0{,}25 + \frac{d}{d_x} (0{,}64 + 0{,}11 \frac{d}{d_x}). \qquad (4a)$$

KLUBNITSCHKIN und RIWKIN [43] weisen allerdings mit Hilfe eigener Bohrwerte sowie auch aus den Versuchsergebnissen von KOSCHULKO nach, daß die Beziehung

$$v_x = v \cdot \frac{d}{d_x} \qquad (2)$$

mit geringeren Abweichungen den funktionellen Zusammenhang zwischen Schneidendurchmesser und Bohrgeschwindigkeit trifft.

Dieselbe Beziehung wird unabhängig davon im selben Jahr von COEUILLET [12] vertreten, allerdings ohne daß dieser Versuchsergebnisse dafür angibt.

FRAENKEL, der in früheren Arbeiten [23, 24] die umgekehrt quadratische Abhängigkeit der Bohrgeschwindigkeit vom Kaliber vertrat, gibt 1952 eine neue Formel an, in der die starke Progression der Bohrgeschwindigkeit mit abnehmendem Schneidendurchmesser abgeschwächt ist [25]. In der Orginalformel ist der Einfluß des Preßluftdruckes mit berücksichtigt. Bezogen auf konstanten Druck läßt sich der reine Kalibereinfluß danach wie folgt ausdrücken:

$$v_x = v \cdot \left(\frac{d + 3{,}0}{d_x + 3{,}0}\right)^{2,3} \qquad (3)$$

Die Formel beruht auf eingehenden und systematischen Bohrversuchen mit Schneidendurchmessern von 25 bis 70,5 mm. Die einzelnen Untersuchungsergebnisse sind in der Arbeit nicht aufgeführt. Die angegebene Formel ist nach Angaben von FRAENKEL vereinfacht.

MOSTKOW wies 1952 darauf hin, daß der Zeitaufwand für das Erbohren der Volumeneinheit mit zunehmendem Kaliber abnimmt [61]. Im folgenden Jahr gibt er in einer speziellen Arbeit über den Zusammenhang zwischen Bohrgeschwindigkeit und Schneidendurchmesser folgende Formel an:

$$v_x = \frac{a}{d_x} - b \cdot d_x + c \qquad (5)$$

Die Koeffizenten a, b und c sind von Gestein, Bohrgerät und Versuchsbedingungen abhängig. Wie schon bei KOSCHULKO ändert sich also die Formel von Fall zu Fall entsprechend den jeweils vorliegenden Bedingungen. Nach MOSTKOW wird die Bohrgeschwindigkeitsänderung (also die Progression bzw. Degression) in Abhängigkeit vom Schneidendurchmesser relativ umso größer

je härter das Gestein,
je schwerer der Bohrer,
je geringer die Leistung des Bohrhammers und
je größer die Zahl der Schneiden ist.

Die Formel ist nach Angabe von MOSTKOW durch über 200 (nicht aufgeführte) Versucher bestätigt worden, die unter verschiedenen Bedingungen von einer Reihe von Forschern durchgeführt wurden.

Schon früher war MUCHIN [63] auf Grund von Bohrversuchen zu dem Ergebnis gekommen, daß die Intensität der Änderung der Bohrgeschwindigkeit nicht nur vom Durchmesser, sondern auch der Leistung des Bohrhammers, der Gesteinshärte usw., abhängt. Dabei machte auch er die Feststellung, daß die Bohrgeschwindigkeitsänderung desto intensiver wird, je geringer die Leistung des Bohrhammers und je härter das Gestein ist. Eine Formel gibt MUCHIN nicht an.

In einer erst kürzlich (1955) erschienenen Arbeit vertreten SCHRAJMAN und SCHAMRAI [81] ebenfalls die Ansicht, daß die Veränderung der Bohrgeschwindigkeit nicht nur vom Schneidendurchmesser, sondern auch von den technischen Hilfsmitteln und den physikalisch-mechanischen Eigenschaften des Gesteins abhängig sei. Nach ihren praktischen Erfahrungen besteht beim Bohren im milden Gestein zwischen v_x und d_x eine lineare Abhängigkeit. Diese sei auch für harte Gesteine charakteristisch, jedoch nur bei Verwendung leistungsfähiger Bohrhämmer und erhöhtem Luftdruck, im entgegengesetzten Fall sei die quadratische Abhängigkeit gesetzmäßig. Der jeweilige funktionelle Zusammenhang könne auch eine Zwischenstellung zwischen den beiden angeführten Beziehungen annehmen. Die Verfasser drücken deshalb die Beziehungen zwischen Schneidendurchmesser und Bohrgeschwindigkeit mit folgender Formel aus:

(6) $$v_x = v \cdot \left(\frac{d}{dx}\right)^m$$

Der Exponent m kann darin je nach den jeweiligen Bedingungen verschiedene Werte annehmen.

Eine letzte Gruppe von Versuchsergebnissen und praktischen Betriebserfahrungen, die von ZEPPERNICK [105], JAHN [35] und LIMPER [55] angegeben werden, zeichnet sich dadurch aus, daß die Bohrwerte sich in Abhängigkeit vom Schneidendurchmesser auf einer Geraden anordnen. Ihre gemeinsame Formel lautet demnach:

(7) $$v_x = a \cdot d_x + b.$$

Diese ist insofern mit den Formeln (4), (5) und (6) verwandt, als auch bei ihr die Intensität der Bohrgeschwindigkeitsänderung von den jeweiligen Bohrbedingungen abhängt, was sich in den Koeffizienten a und b ausdrückt. Naturgemäss sind die Werte für a immer negativ und für b positiv.

Zusammengefaßt ergibt der bisherige Stand der Erkenntnisse über den quantitativen Zusammenhang zwischen Schneidenkaliber und Bohrgeschwindigkeit folgendes Bild:

In der Literatur finden sich 7 verschiedene Beziehungen zwischen den angegebenen Größen. Sie sind in Tabelle 1 zusammengestellt. Man kann sie in 2 Hauptgruppen einteilen:

Gruppe 1: Rein kaliberabhängige Beziehungen. Sie sind unabhängig von den übrigen Versuchsbedingungen und enthalten deshalb als Veränderliche nur v bzw. v_x und d bzw. d_x. In diese Gruppe gehören die Formeln (1),(2)und (3).

Gruppe 2: Gemischt-kaliberabhängige Beziehungen. Bei ihnen beeinflussen Gestein und Bohrwerkzeug den Verlauf der Funktion. Sie sind dadurch gekennzeichnet, daß sie neben v und d noch einen oder mehrere Koeffizienten enthalten, die sich mit den Versuchsbedingungen ändern. Hierhin gehören die Formeln (4), (5), (6) und (7).

Zur Veranschaulichung der verschiedenen Funktionen sind einige von ihnen in Abbildung1(siehe nächste Seite) dargestellt. Als gemeinsame Basis wurde in allen Fällen die Bohrgeschwindigkeit bei einem Schneidendurchmesser von 36 mm gleich 1,0 gesetzt. Die Kurven der Formeln (1), (2) und (3) wurden durchgezogen, da sie mathematisch gesehen für alle Verhältnisse gleich bleiben. Die Werte der Kurven (4) und (6) wurden jeweils für in der entsprechenden Literatur angegebene Betriebsfälle errechnet.

Eine Kritik der verschiedenen Funktionen erfolgt im Zusammenhang mit den Ergebnissen der vorliegenden Arbeit im Abschnitt 3.46 (Seite 70).

1.12 Sonstige bohrtechnische Einflüsse des Schneidendurchmessers

Der Schneidendurchmesser beeinflußt neben der Bohrgeschwindigkeit noch weitere Faktoren, wie Hartmetallverschleiß, Bohrerstandlängen, Bohrkosten

DORSTEWITZ [14] führt neben der größeren Bohrgeschwindigkeit als weitere Vorteile des Kleinkaliberbohrens an:

Der Verschleiß des Bohrwerkzeuges ist geringer.

Wegen der kleineren Bohrschneide ist ein geringerer Gesamtbohrdruck zur Erreichung des gleichen spezif. Flächendrucks erforderlich.

Für Bohrmaschinen und Bohrgestänge können geringere Abmessungen gewählt werden.

Nach JESCHKE hängt der Hartmetall-Verbrauch etwa umgekehrt quadratisch mit dem Schneidendurchmesser zusammen [38] und steigt die erreichbare Bohrlochtiefe etwa umgekehrt proportional mit dem Lochdurchmesser [39] .

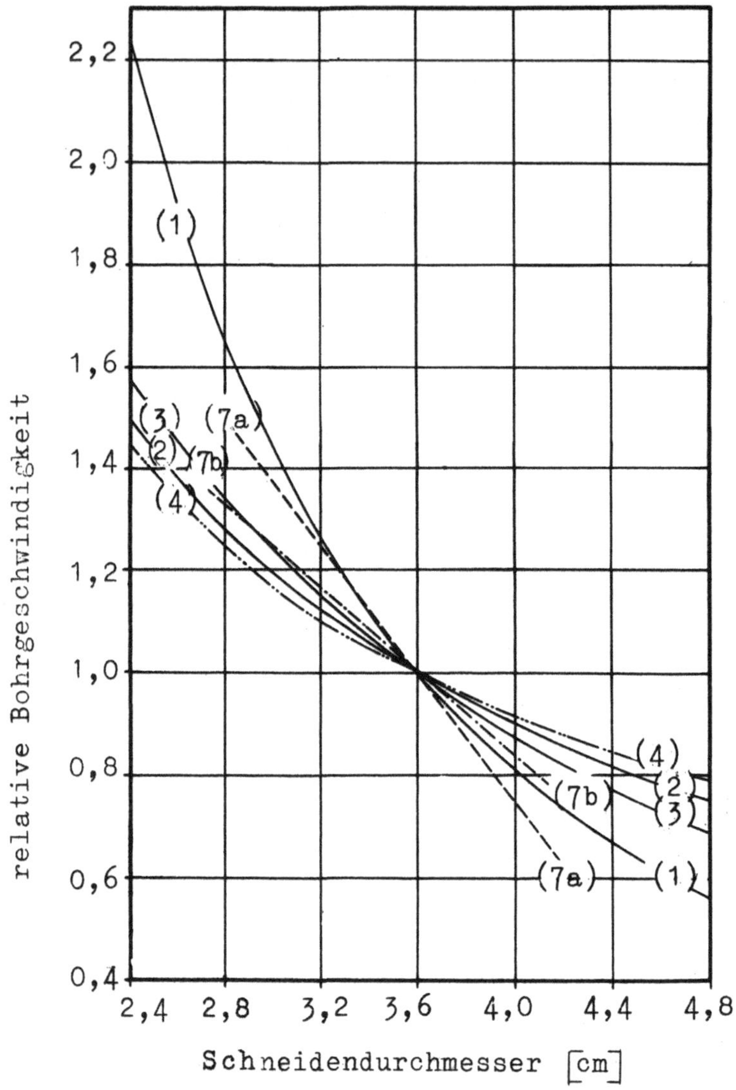

A b b i l d u n g 1

Verschiedene Bohrkaliberfunktionen

(1): $v_x = v \cdot (\frac{d}{d_x})^2$

(2): $v_x = v \cdot \frac{d}{d_x}$

(3): $v_x = v \cdot (\frac{d+3,0}{d_x+3,0})^{2,3}$

(4): $v_x = v \cdot \left[c+\frac{d}{d_x} \cdot (a+b\cdot\frac{d}{d_x})\right]$

hier (4): $v_x = v \cdot \left[0,25+\frac{d}{d_x}(0,64+0,11\frac{d}{d_x})\right]$

(7): $v_x = a \cdot d_x + b$

hier (7a): $v_x = -27,15 \cdot d_x + 137$ (JAHN)

" (7b): $v_x = - 7,4 \cdot d_x + 44,9$ (ZEPPERNICK)

für alle Formeln

$d = 3,6$

$v = 1,0$

In Nordamerika, wo lange Zeit schweres Bohrgerät und entsprechend große Schneidendurchmesser bevorzugt wurden, macht sich in den letzten Jahren eine Umkehr der Entwicklung bemerkbar. Sie wurde im starken Maße durch Einführung des sogenannten "schwedischen Bohrens" mit Druckluftbohrstützen, leichteren Hämmern und Monobloc-Bohrern bewirkt, die in vielen Fällen die sehr komplizierten und kostspieligen Jumbos ersetzen [72] . JOHNSON [42] berichtet, daß dadurch

geringe Ersparnisse an Bohrkosten,
erheblich höhere Leistungen je Mann und Schicht,
um 25 ... 50 % verringerter Druckluft- u. Sprengstoffverbrauch
und beträchtlich verringerte Kapital- und Unterhaltungskosten

erzielt würden.

In Schweden ist das Kleinkaliber-Bohren das übliche Verfahren. Normalerweise werden 22 mm - 6-kt. Bohrstangen verwendet. In zunehmendem Maße geht man jedoch zu 19 mm-Bohrstahl mit Schneidendurchmessern von 29 bis 24 mm über [37] .

Über ähnliche Tendenzen in Österreich berichtet KOTZ [46] . Er stellt als besonderen Vorteil des Kleinkaliberbohrens die Möglichkeit heraus, ohne Leistungseinbuße von schweren und mittelschweren Bohrhämmern auf handlichere von 10 bis 13 kg überzugehen. Eine wesentliche Verringerung des Schneidendurchmessers setzt Bohrstangen dünneren Querschnittes und damit i.a. legierten Bohrstahl voraus. Den dadurch bedingten Mehrpreis hält ZEPPERNICK [105] infolge der Möglichkeit der Leistungssteigerung, der Verminderung des Preises der Bohrschneiden und des verringerten Stangengewichtes für erträglich.

Nach AUDIBERT [7] bedingt der geringere Bohrstahlquerschnitt bei sonst gleichen Bedingungen allerdings höhere Druck- und Biegungsermüdung. Diesem Nachteil stehe jedoch der Vorteil des besseren Wirkungsgrades in der Kraftübertragung und die geringere Schwerfälligkeit des Stahls gegenüber.

Nach JANELID [37] hat der 3/4" (19 mm)-Bohrstahl eine etwas geringere Lebensdauer als der von 7/8" (22 mm). Dafür sei jedoch der Hartmetallverschleiß geringer, und zwar stehe im harten Gestein eine 28 mm-Schneide etwa doppelt so lange wie eine Schneide von 34 mm Ø. Nach JAHN [35] verhalten sich die mittleren Standlängen der Bohrschneiden etwa wie die Bohrgeschwindigkeiten.

Die Bohrkosten sinken nach JESCHKE [39] sehr stark mit abnehmendem Kaliber, so z.B. beim Übergang von 40 mm Ø auf 35 mm Ø um etwa 20 %. JOHANSSON [41] gibt nach JANELID [37] für die Kaliberabhängigkeit der Kosten im Bereich von 25 ... 40 mm Ø die Beziehung an:

$$K = 0{,}062\ (d + 10) \quad [\mathrm{skr/m}]$$

Auf 1 fm^3 Gestein bezogen fallen (nach Abb. 10 in [41]) die Kosten schnell, wenn Ladedichte und Bohrlochdurchmesser zunehmen. In Abbildung 2 sind die entsprechenden Kosten graphisch dargestellt. Die Kosten je fm^3 lassen sich allerdings nur insoweit verwirklichen, als die mit dem größeren Loch- und Patronendurchmesser möglichen Vorgaben und Lochabstände ausgenutzt werden können.

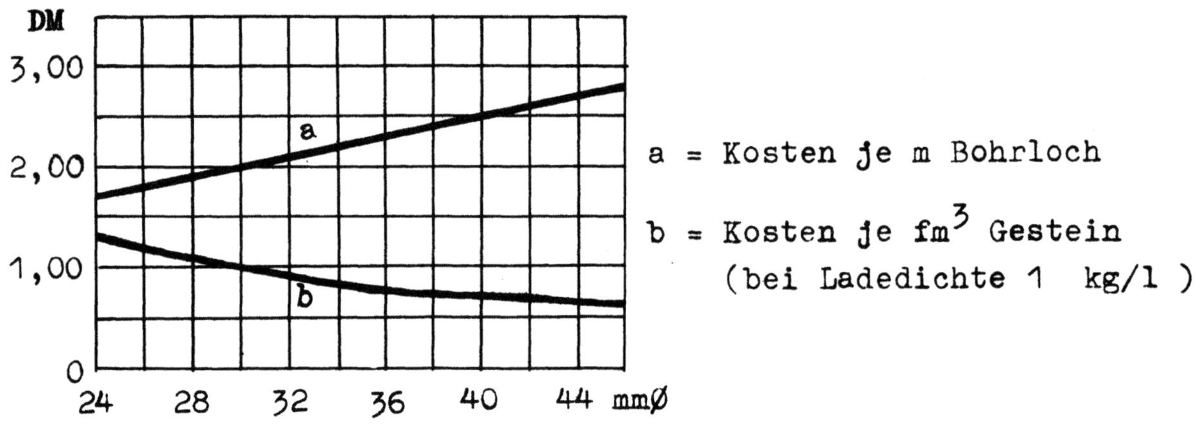

Abbildung 2

Bohrkosten je m und je fm^3 (nach JANELID [37] und JOHANSSON [41]). 1 skr ≈ 0,80 DM

1.2 Schießtechnische Anschauungen

Herrschen schon über den Einfluß des Schneidendurchmessers auf die Bohrgeschwindigkeit sehr verschiedene Meinungen, so differieren die Ansichten über den Einfluß des Patronendurchmessers auf das Schießergebnis noch wesentlich stärker. Diese Tatsache ist darauf zurückzuführen, daß 1. funktionelle Zusammenhänge zwischen den Schußbedingungen und dem Schießergebnis nur sehr schwer erfaßbar sind und 2. die detonationsphysikalischen Schußbedingungen selbst sich zum größten Teil einer meßtechnischen Erfassung entziehen.

Bei der nachfolgenden Behandlung der Auswirkungen des Patronendurchmessers sei unterschieden zwischen

a) den rein detonationsphysikalischen Einflüssen,
b) den Verhältnissen bei der Detonation des Sprengstoffes im Gestein und
c) praktischen Versuchs- und Betriebsergebnissen.

1.21 Einfluß des Patronendurchmessers auf den Detonationsvorgang

Nach dem derzeitigen Stand der Erkenntnisse ist die Detonation die rasche und meist bis zu den Endprodukten durchlaufende Umsetzung explosiver chemischer Systeme in einem Verdichtungsstoß. Kennzeichnend für sie ist die Kopplung der chemischen Umsetzung mit einem hydrodynamischen Stoßvorgang [73] . Im Gegensatz zur Verbrennung sind dabei für die Detonation weiter charakteristisch:

a) Detonations- und Schwadengeschwindigkeit haben den gleichen Richtungssinn,
b) die Schwaden haben eine höhere Dichte als der Sprengstoff vor der Detonation und stehen unter hohem Überdruck,
c) die Fortpflanzung der Detonation erfolgt mit Überschallgeschwindigkeit.

Die für den Detonationsvorgang nutzbare Energieumsetzung spielt sich normalerweise in einer schmalen Reaktionszone ab, die in Detonationsrichtung durch die Wellenfront, auf der anderen Seite durch die CHAPMAN-JOUGET - Fläche begrenzt ist. In ihr erfolgt bei Temparaturen von etwa 2000 - 5000° C ein Drucksprung auf größenordnungsmässig 10^{5} at. Die dadurch bewirkte Stoßwelle pflanzt sich mit hoher Geschwindigkeit durch das umgebende Medium fort.

Die Sprengwirkung eines Schusses beruht auf der Intensität der Stoßwelle (Brisanz) und dem Gasdruck, und zwar erzeugt die Stoßwelle in erster Linie ein Rißsystem um das Bohrloch, wogegen der Druck der expandierenden Gase für das Werfen der Vorgabe verantwortlich ist [88] .

Die Brisanz eines Sprengstoffes beruht auf dessen Vermögen, eine Stoßwelle mit hohem Maximaldruck zu erzeugen [40]. Je schneller die im Sprengstoff enthaltene Energie frei wird, je größer also die Detonationsgeschwindigkeit ist, desto größer wird die Brisanz [2].

2. Der Begriff der Brisanz ist hier im vorwiegend benutzten Sinne zu verstehen. Manche Autoren definieren dagegen die Brisanz als Detonationswirkung = Nutzeffekt schlechthin, also die Summe von statischem Druck und dynamischer Stoßwirkung in Bezug auf die den Sprengstoff umgebenden Medien

Bei chemisch einheitlichen Sprengstoffen stellt die Detonationsgeschwindigkeit eine charakteristische Konstante dar. Bei den handelsüblichen Gemischsprengstoffen dagegen ist ihre Größe von einer Reihe im und außerhalb des Sprengstoffes liegender Einflüsse abhängig [5, 6, 40, 53, 69, 85, 92, 93].

Innere Einflüsse:

chemische Zusammensetzung,
Körnung der Sprengstoffbestandteile,
Feuchtigkeitsgehalt,
kubische Dichte,
Patronendurchmesser;

äußere Einflüsse:

Festigkeit und Vollständigkeit des Einschlusses,
Stärke des Intialimpulses,
Lage der Sprengkapsel,
Besatz,
Lagerung und Alter des Sprengstoffes.

Für jeden Sprengstoff gegebener Dichte sind eine minimale "untere" und maximale "obere" Detonationsgeschwindigkeit als Grenzgeschwindigkeiten charakteristisch [6, 26, 40, 66, 69, 73]

Die maximale Detonationsgeschwindigkeit kann sich nur einstellen, wenn
a) die Umsetzung des Sprengstoffes in der Reaktionszone vollständig abläuft und
b) ohne Energieverlust durch vorzeitige Expansion erfolgt [73].

Ob dies geschieht, wird in starkem Maße durch den Patronendurchmesser bestimmt. Nach CYBULSKI [26] u. a. existieren für jeden Sprengstoff 2 charakteristische Durchmesser, nämlich

1. der untere Grenzdurchmesser, bei dem die Detonationsgeschwindigkeit ihr Minimum aufweist. Unter ihm erfolgt keine Detonation mehr;

2. der obere Grenzdurchmesser, bei dem die maximale Detonationsgeschwindigkeit erreicht wird. Über diesem Durchmesser bleibt die Detonationsgeschwindigkeit unabhängig vom Einschluß konstant.

Zwischen 1. und 2. stellt sich die Detonationsgeschwindigkeit unter sonst gleichen Bedingungen je nach Patronendurchmesser und Einschluß ein.

BAUSCH [8] gibt für verschiedene Sprengstoffarten die Detonationsgeschwindigkeit in Abhängigkeit vom Patronendurchmesser an. Die wichtigsten Ergebnisse sind in Tabelle 2 zusammengefaßt.

Tabelle 2

Abhängigkeit der Detonationsgeschwindigkeit vom Patronendurchmesser (nach BAUSCH [8])

Sprengstoffart	Patronen-durchm. mm	Detonationsgeschwindigkeit ohne Einschluß m/s	mit festem Einschluß m/s
Gelatine-Donarit	25 30	6000 6150	
Donarit 1	20 25 30	2815 3050 3800	4850 - 5200
Donarit 3	20 25 30	2650 3000 3550	5050 5200
Chloratit 3	25 30 40		2675 2880 3600

In gleicher Weise wie die Detonationsgeschwindigkeit wird auch die Übertragungsfähigkeit beeinflußt [92].

Die detonationsphysikalische Deutung des "Durchmessereffektes" durch EYRING u.a. [17] ergab, daß Detonationsgeschwindigkeit, Patronendurchmesser und Reaktionszonenlänge durch eine mathematisch faßbare Beziehung verbunden sind. Der "untere" Grenzdurchmesser findet seine Erklärung in der Krümmung der Detonationsfront, bedingt durch das seitliche Eindringen von Verdünnungswellen in die Reaktionszone. Der Krümmungsradius darf nicht kleiner werden als die Reaktionszonenlänge, da sonst die Detonation abreißt. Diesem kritischen Radius entspricht eine Detonationsgeschwindigkeit von der halben Größe der maximalen Geschwindigkeit [76, 48].

SCHALL [77] hat die Krümmung der Detonationsfront mittels Röntgenblitzuntersuchungen sichtbar gemacht.

Für die Schießpraxis ist es wichtig zu wissen, mit welcher Detonationsgeschwindigkeit man im Gestein rechnen kann. Nach JOHANSSON [40] erhält man bei üblichen Patronendurchmessern von 30 mm die große Detonationsgeschwindigkeit, NILSSON [66] gibt als die untere Grenze 20 ... 25 mm Ø an; nach TRAUTZL [91] kann man im Bohrloch immer mit der maximalen Detonationsgeschwindigkeit rechnen. In [92] wird empfohlen, bei wenig sensiblen Sprengstoffen (Ammonsalpeter- und Chloratsprengstoffe) ohne Not nicht unter 30 mm Ø zu gehen, lediglich bei hochbrisanten Sprengstoffen (Dynamite, Ammongelatine) könne man einen etwas geringeren Patronendurchmesser (25 mm minimal) wählen.

Über den Einfluß der Detonationsgeschwindigkeit auf das Sprengergebnis gibt es noch keine letzte Klarheit. Es ist allgemein bekannt, daß die Intensität der Stoßwelle, also die Brisanz, umso größer wird, je größer die Detonationsgeschwindigkeit ist. ASSONOW [6] gibt an, daß sich auch die Sprengwirkungen (Ausbruchsmenge und Zerkleinerungsgrad) in Abhängigkeit von der Detonationsgeschwindigkeit verändern. Nach TAYLOR [88] ist war nur der Arbeitsanteil der Stoßwelle sehr stark von ihr abhängig, damit aber auch gleichzeitig der Schießerfolg, da der Gasdruck die Vorgabe nur bei gut ausgebildetem Rißsystem werfen könne. Die Erfahrungen von JOHANSSON [in 2] deuten dagegen darauf hin, daß die Detonationsgeschwindigkeit eine untergeordnete Rolle spielt, die sogar so gering sei. daß man nicht viel davon merke, ob der Sprengstoff mit ca. 6000 m/s oder mit weniger als 3000 m/s detoniert. Der Impuls einer freien Dynamitladung gegen eine Stahlfläche ergibt mit dem ballistischen Pendel bei niedriger und hoher Geschwindigkeit praktisch genommen gleich hohe Werte [40]. Allerdings erhält man nach dieser Methode die Arbeit der Schwaden ohne Berücksichtigung der Brisanz [3, 79].

Eine Beurteilung der Sprengwirkung ist endgültig nur auf der Grundlage praktischer Versuchsergebnisse im Gestein möglich.

1.22 Sprengtheoretische Einflüsse des Kalibers beim Gesteinssprengen

Die klassischen Ladungstheoretiker bis zu LARES [52] einschließlich berücksichtigen den Patronendurchmesser nicht in ihren Sprengformeln [30]. Erst OHNESORGE [67] führt einen von der Art der Ladung abhängigen Faktor

e_1 ein, der dem spezifischen Sprengstoffaufwand q direkt proportional ist und selbst mit zunehmendem Patronendurchmesser fällt. Bei 40 mm ∅ erreicht er seinen Minimalwert. Demnach wird der spezifische Sprengstoffaufwand nach OHNESORGE bei Patronen unter 40 mm ∅ umso höher, je kleiner der Patronendurchmesser wird.

Nach einer von FRAENKEL [24] angegebenen Formel verändert sich die maximale Vorgabe bei sonst gleichen Bedingungen mit dem Lochdurchmesser nach der Beziehung:

$$V_{max} = const. \cdot d^{0,8}$$

In einer späteren Arbeit [25] schränkt er die Gültigkeit jedoch stark ein und verweist auf neuere Untersuchungsergebnisse von LANGEFORS [49,50]. Dieser stellte fest, daß die in einem Bohrloch erforderliche Lademenge bei gegebenem Sprengstoff und Gestein in ziemlich weiten Grenzen vom Lochdurchmesser und von der Ladungsverteilung unabhängig ist. Die maximale Größe der Vorgabe wird nach LANGEFORS bestimmt durch Größe der Sprengladung, Sprengstoffstärke, Gestein, Verspannung im Lochtiefsten und Lochabstand.

MAGOITSCHENKOW [56] leitet die bei verschiedenen Patronendurchmessern möglichen Vorgaben theoretisch aus der Normalvorgabe eines Normalkalibers ab,wobei er die Ausbruchsmengen in stark vereinfachter Form nach dem Dreieckverfahren [30, 101] bestimmt. Unter Annahme des gleichen spezifischen Sprengstoffverbrauches konstruiert er mit Hilfe der so errechneten Vorgaben theoretisch Schußpläne mit größeren Bohrloch- und Patronendurchmessern für einen Schacht von 7 m ∅ und errechnet beträchtliche Ersparnisse nach diesem Verfahren.

Einen sehr bemerkenswerten Beitrag zu aktuellen schießtechnischen Fragen lieferte PEARSE mit einer kürzlich erschienenen Arbeit [69]. Die beschriebenen Versuche hatten zum Ziel, Optimalwerte festzustellen hinsichtlich

Schießverfahren,
Bohrlochlänge,
Bohrlochdurchmesser und
Sprengstoffart.

Neben einem Vergleich der maximalen Vorgaben, Bohrlochdurchmesser, Gesteins- und Sprengstoffarten suchte der Verfasser nach einem geeigneten theoretischen Ausdruck für die funktionellen Zusammenhänge.

Nach Ansicht von PEARSE führen die durch die Stoßwelle erzeugten Spannungen zur Rißbildung, aber nur dann, wenn das Gestein bewegt, d. h. bis zu seinen freien Flächen gebrochen wird. Den Halbmesser der Gesteinspartie um den Ladungsmittelpunkt, bis zu dem eine Zerstörung des Gesteinszusammenhanges gerade noch erfolgt, definiert er als "kritischen Radius". Er folgert weiter, daß die maximale Vorgabe gleich diesem kritischen Radius ist. Nach mathematischer Ableitung erhält er die Gleichung:

$$R = K \cdot D \cdot \sqrt{\frac{P_s}{S}}$$

Darin ist: R = kritischer Radius = maximale Vorgabe
K = Konstante (0,7 ... 1.0)
D = Patronendurchmesser
P_s = statischer Belastungsdruck (berechnet)
S = maximale Zugfestigkeit.

Die Gleichung soll die Möglichkeit geben, den kritischen Radius und damit den maximalen Vorgabewiderstand zu berechnen. Nach ihr ist dieser dem Patronendurchmesser direkt proportional. Das bedeutet letzten Endes, daß der spezifische Sprengstoffaufwand unabhängig vom Patronendurchmesser ist. Die vom Verfasser erzielten Versuchsergebnisse stimmen gut mit seinen errechneten Werten überein. Die Gleichung kann jedoch nicht mehr gelten, wenn starke Verspannung vorliegt.

Besonders bemerkenswert sind Schießversuche, die Hinweise für die Abhängigkeit der Schußwirkung vom Patronendurchmesser geben. MORHENN [59] vergleicht im Rahmen größerer Versuchsreihen durch Kesselschüsse im Ton auch die Wirkungen von 25 - und 30 mm - Patronen Wetter-Nobelit B. Die Bohrlöcher wurden senkrecht in den Stoß gebohrt und so gut besetzt, daß die Schußschwaden nicht entweichen konnten.
Die Ergebnisse sind in Tabelle 3 zusammengefaßt.

Die Tabelle zeigt, daß bei jeweils gleichem Ladegewicht
a) die dickere Patrone gegenüber der dünneren,
b) die lange Patrone gegenüber mehreren kürzeren
ganz erheblich größere Kessel erzeugt. Wenn dieses Ergebnis von Schüssen die keine Vorgabe warfen und im nicht rißfähigen Gestein detonierten, auch nicht ohne weiteres auf normalerweise übliche Schußbedingungen übertragen

werden kann, so ist es doch auf jeden Fall sehr bemerkenswert.

Tabelle 3

Ergebnisse von Kesselschüssen bei verschiedenem Patronendurchmesser (nach MORHENN [59])

Patronen-durchm. mm	Zahl d. Patronen	Lade-gewicht g	Kesselinhalt l	Verhältnis Ladegewicht / Kesselinh.	Verhältnis der Kesselinhalte	
25	6	400	150	1 : 375	1	1
30	4	400	215	1 : 537	1,43	1,43
25	1	400	230	1 : 575	1	1,53
30	1	400	315	1 : 787	1,37	2,10

Wie sehr andere Einflußgrößen das Schießergebnis überlagern können, zeigen Schießversuche, die auf der Versuchsgrube des US.-Bureau of Mines in Rifle, Colo., im Ölschiefer zur Bestimmung der maximalen Vorgabe bei verschiedenen Kalibern durchgeführt wurden [103]. Bei 3 m Stoßhöhe wurden vertikale Reihen von je 3 horizontalen Löchern (je 2,25 m Tiefe) abgebohrt. Sie wurden zu 3/4 ihrer Länge = 1,70 m lang mit 45%igem halbgelatinösem Dynamit geladen und mit Momentzündung abgetan. Die Vorgaben wurden jeweils so lange vergrößert, bis sie nicht mehr restlos geworfen wurden. Die Ergebnisse der jeweiligen Optimalwerte sind in Tabelle 4 dargestellt.

Tabelle 4

Ergebnisse von Kaliberversuchen im Ölschiefer (nach WRIGHT u. a. [103])

Loch-Ø mm	Ladedichte kg/Bm	max. Vorgabe m	Pfeifen m	Ausbruch t	Ausbruch fm^3	Sprengstoffverbrauch kg/Abschl.	Sprengstoffverbrauch g/fm^3	Sprengstoffverbrauch g/t
41,2	1,46	1,59	0	26,9	10,7	7,45	696	281
47,6	1,96	1,68	0	28,4	11,3	10,00	885	352
53,9	2,50	1,74	0	29,4	11,7	12,75	1090	434

Die Tatsache, daß ein Loch von 53,9 mm Ø, das über 70 % mehr Sprengstoff enthält als ein solches von 41,2 mm Ø , nur 9,4 % mehr Ausbruch erbringt, erschien den Autoren sehr überraschend. Bei nachfolgenden Versuchen warfen Löcher von 50,8 mm Ø eine Vorgabe von 1,95 m in einem 8,10 m hohen Stoß glatt. Das beweist, daß der Einfluß der Verspannung eine wirtschaftliche Ausnutzung des Sprengstoffes in großkalibrigen Bohrlöchern verhindern kann und daß Ergebnisse, die mit solchen Löchern in einem Abbau von 3 m Höhe erzielt wurden, nicht mit solchen bei einer Stoßhöhe von 8,10 m oder mehr vergleichbar sind. Aus diesem Grund wurden die Versuche abgebrochen.

Bei der Besprechung der Ergebnisse vorliegender Arbeit werden obenstehende Versuche noch einmal diskutiert.

1.23 Ergebnisse von Betriebsversuchen, Betriebserfahrungen

Wie schon betont wurde, ist eine endgültige Beurteilung schießtechnischer Fragen nur auf der Grundlage praktischer Versuchsergebnisse im Gestein möglich. Andererseits ist bei der Deutung von Betriebsergebnissen - auch betrieblichen Versuchsergebnissen - größte Vorsicht angebracht. Die Zahl und Art der Einflüsse auf das Schießergebnis ist so vielfältig, daß es äußerst schwierig ist, den gesuchten funktionellen Zusammenhang herauszukristallisieren. In der Praxis wird bei Schießarbeiten in erster Linie ein störungsfreier Vortrieb angestrebt und deshalb aus guten Gründen mit Sicherheitszuschlägen bzw.-abzügen gearbeitet. Mit diesen kann man aber keine einwandfreien Schießversuche durchführen! Nur Differenzen zwischen Optimalwerten erlauben eindeutige Aussagen. Diese aus Versuchen erhaltenen Optimalwerte können ihrerseits naturgemäss wieder nur mit gewissen Zuschlägen im praktischen Betrieb verwendet werden. Auf die unsystematische Durchführung von Schießversuchen sind häufig sehr widerspruchsvolle Ergebnisse zurückzuführen.

Andererseits ist die Beobachtung allgemeingültiger Entwicklungstendenzen immer sehr aufschlußreich, denn meist gilt die Redewendung - um einen Ausdruck von BECKER [9] zu gebrauchen - "daß die gesunde Kuh das rechte Futter schon gefunden hat".

Über das optimale Kaliber im Betrieb ist im Schrifttum nicht sehr viel zu finden. Erst in den letzten Jahren befaßte sich eine zunehmende Zahl von Veröffentlichungen mit diesem speziellen Problem.

1930 hat BECKER [9] speziell für den Stollenbau in einer sehr eingehenden Arbeit auf reichem statistischem Material beruhende Richtwerte für die Bohr- und Schießarbeit gegeben. Aus einem Diagramm läßt sich ablesen, daß im Mittel der spezifische Sprengstoffverbrauch mit zunehmendem Querschnitt zunimmt und mit wachsendem Bohrlochdurchmesser abnimmt. Weiter ist daraus zu ersehen, daß Bohrlochdurchmesser von

30 mm nur für leichtes,
32,5 mm nur bis zu mittelschwerem,
35 mm nur bis zum schweren Gestein,
40 mm und größer für alle Gesteine geeignet sind.

Nach BECKER ist die Wirkung eines jeden Bohrlochdurchmessers die gleiche, wenn er in dem ihm zukommenden Gestein verwendet wird. Er vertrat die Ansicht, daß sich der durchschnittliche Bohrlochdurchmesser von selbst auf 37,5 - 42,5 mm bei kurzen und 35 - 45 mm bei langen Bohrlöchern normieren würde.

Nach WEICHELT [101] ist im Stollenvortrieb ein großer Bohrlochdurchmesser (50 ... 60 mm) besonders im Hartgestein sehr wirtschaftlich, da in diesem Falle die Sprengstoffmengen ins Bohrlochtiefste zu liegen kommen und durch die damit gegebene größere Besatzlänge die Tiefenwirkung günstiger wird.

WEDDIGE [97] betonte, daß es nicht gleichgültig sei, ob der je fm^3 notwendige Sprengstoff in mehreren Bohrlöchern von geringerem Durchmesser oder in wenigen von größerem Durchmesser untergebracht wird. Je schwieriger das Gestein sei, umso größer müsse i.a. der Bohrlochdurchmesser gewählt werden. Die Richtlinien von BECKER ließen sich allerdings im Bergbau nicht befolgen, da laufende Änderungen des Bohrloch- und Patronendurchmessers bei wechselndem Gestein nicht möglich seien. Im Ruhrgebiet komme man im Sandstein, Sandschiefer und Schiefer mit einem Bohrloch- und Patronendurchmesser aus (Bohrloch 35 ... 45 mm Ø). Im Konglomerat seien Bohrlochdurchmesser von 50 ... 55 mm Ø mit entsprechend stärkeren Patronen zweckmäßig.

FISCHER [21, 22] hält in jedem Falle die stärkstmögliche Konzentration von Sprengenergie im Bohrloch für am günstigsten. Aus diesem Grunde sei immer ein kräftiger Sprengstoff vorzuziehen und auch ein Patronendurchmesser von 30 mm besser als ein solcher von 25 mm. In Gesteinsbetrieben mit kleineren Ausbruchsquerschnitten, bei denen zur Herstellung des Streckenprofils eine bestimmte Mindestzahl von Bohrlöchern erforderlich ist und deren Vorgaben nicht größer als etwa 50 cm werden können, seien dagegen Kleinkaliber- Patronen am Platze.

Nach BAUSCH [8] wird der optimale Bohrloch- und Patronendurchmesser wesentlich durch den Gebirgszertrümmerungswiderstand bestimmt. Je größer dieser sei, desto größer müsse auch das Kaliber gewählt werden. In der Praxis hätten sich Bohrlochdurchmesser von 33 mm bei mittlerem, 36 mm bei stärkerem und 38 ... 39 (max. 40) mm bei stärkstem Zertrümmerungswiderstand als Bestwerte herausgestellt. Unverhältnismäßig weite Bohrlöcher ließen sich je nach Verhältnissen rechtfertigen:

bei Bohrlöchern $<$2 m in hartem Gestein,
bei Bohrlöchern $>$2 m nur, wenn die Vorgabe im Lochtiefsten wesentlich stärker sei als am Bohrlochmund,
bei Verwendung von Chloratit wegen dessen geringer Arbeitsleistung und gegebener Reibungsempfindlichkeit und schließlich
beim besatzlosen Schießen, wobei der schlechtere Schießeffekt durch Zusammendrängung der Ladung im Lochtiefsten ausgeglichen werde.

BAUSCH berichtet, daß auf südbadischen Doggererzgruben die reinen Sprengstoffkosten bei Verwendung von 35 mm - Patronen um etwa 80 %, bei Verwendung von 40 mm - Patronen um etwa 100 % gestiegen seien gegenüber den Kosten beim Einsatz von 25 mm - Patronen im Abbau bzw. 30 mm - Patronen im Streckenvortrieb.

Andererseits hätten Versuche, die 1940/44 auf süddeutschen Erz-,Kali-u.Steinsalzgruben durchgeführt wurden, ergeben, daß bei Patronen von 22 und 20 mm ∅ das Verhältnis Sprengstoff: Patronenpapier ungünstig geworden sei und die Voraussetzungen für das Erreichen der normalen Detonationsgeschwindigkeit nicht mehr vorliegen. Der Verfasser bezweifelt deshalb die Möglichkeit der günstigsten Sprengstoffausnützung bei Patronen $<$25 mm ∅. Nach Erfahrungen auf Siegerländer Gruben liege der wirtschaftlichste Bohrlochdurchmesser, gekennzeichnet durch die niedrigsten Bohr- und Schießkosten sowie den geringsten Pfeifenanteil, bei 35 ... 38 (max. 40) mm ∅.

Im Tonbergbau beobachtete GROSS [27] die besten Erfolge mit Patronen von 30 mm ∅. Größere Durchmesser (40 mm) führten häufig zu Kesselbildungen im Bohrlochtiefsten, Patronen v.25 mm∅ dagegen warfen die Vorgabe nicht immer.

Nach WESTWATER [102] zeitigten kleinere Lochdurchmesser und geringere Sprengladungen als üblich bessere Schießergebnisse. Dies wird auf den in kleineren Löchern besser ausgenutzten Gasdruck zurückgeführt.

PEARSE [69] stellte bei Schießversuchen im Anhydrit fest, daß beim Übergang von 30 mm - Patronen in Bohrlöchern von 35 mm ∅ auf 51 mm - Patrone in Bohrlöchern von 54 mm ∅ die Vorgabe von 1,20 m auf 1,77 m gesteigert werden konnte. Beim Schießen eines 3,0 m tiefen Abschlages an einem Stoß von 7,2 m Breite und einer Höhe von 5,4 m konnte dabei die Bohrlochzahl von 60 auf 36 verringert werden. Gesamtbohrzeit und spezifische Sprengstoffmenge blieben gleich, aber die Zünder- und Schießarbeitskosten sanken beträchtlich.
Berichte aus der Praxis, nach denen beim Übergang auf kleinere Bohrlochdurchmesser erhebliche Kostenersparnisse erzielt worden seien, führt PEARSE auf wahrscheinlich zu eng gewählte Bohrloch-Abstände bei dem größeren Kaliber zurück. Als Faktoren, die einen Übergang zu kleinerem Kaliber begünstigen, führt der Verfasser an:
die Möglichkeiten des Einsatzes kleinerer, billigerer Bohrmaschinen,
die Ausschließung der für größere Bohrlochdurchmesser notwendigen Bohrlochabstände infolge zu geringer Streckenquerschnitte,
die Notwendigkeit, eine glatte Firste, eine ebene Sohle und gerade Stöße zu erzielen.

Es scheine jedoch, daß beim Schießen an ausgedehnten Abbau- oder Firstenstößen Bohrlöcher mit großem Durchmesser viele Vorteile aufzuweisen hätten.

Zahlreiche sowjetrussische Veröffentlichungen der letzten Jahre stellen beträchtliche Vorteile größerer Patronendurchmesser heraus. Die ersten derartigen Erfahrungen wurden beim Schachtabteufen gemacht.

So berichten PODKOLSIN und PAWLJUTKIN [70] von Versuchen in 2 Schächten (6 bzw. 7 m∅) in sandigen Schiefern und Tonschiefern, daß sich beim Übergang von 32 mm - auf 40 mm - Patronen folgende Vorteile ergeben hätten:

Verbesserung der Bohrlochausnutzung um 13 ... 17 %,
Verringerung des Sprengstoffverbrauches um 8 ... 11 %,
Ersparnis an sonstigen Sprengmitteln (Zünder usw.) 37 ... 56 %,
Verringerung der Bohrlochzahl um 33 1/3 %,

Zeitersparnis beim Laden und Besetzen entsprechend,
Zeitersparnis je lfd. m Schacht 10 %.

Die Gesamtbohrzeit sowie Zerkleinerungsgrad und Ladeleistung seien gleich geblieben.

Ähnliche Ergebnisse erzielte MINDELI [58] in einem Schacht von 9,3 m ∅ (= 68 m^2 Ausbruchfläche!) sowie in einigen andern Schächten bei Vergrößerung des Patronendurchmessers von 32 auf 45 mm. Als besonderen Vorteil stellt der Verfasser heraus, daß bei gleichem spezifischen Sprengstoffverbrauch feinstückigeres Haufwerk und glatteres Hereinkommen des Abschlages erzielt werden können. Der Patronendurchmesser von 45 mm sei noch nicht optimal und könne noch weiter gesteigert werden.

Nach SCHICHOW und DUBININ [78] kann viel Zeit gespart werden, wenn weniger aber größere Bohrlöcher hergestellte werden. STOJEW [86] berichtet von 30 ... 40 % geringeren Gesamtbohrzeiten bei einer um 50 ... 60 % verringerten Bohrlochzahl, wenn Dynamitpatronen von 45 mm ∅ benutzt wurden. Der Sprengstoffverbrauch sei um 16 ... 20 % gefallen (Schachtdurchmesser 8,4 m = 55 m^2 Ausbruchfläche). Ähnliche Ergebnisse teilt in einer kürzlich (1955) erschienenen Arbeit OSIPOW [68] mit.

Auf Grund der guten Erfahrungen in Schächten wurden neuerdings auch in Strecken Versuche mit größeren Bohrloch- und Patronendurchmessern durchgeführt. Über sie berichteten KOJFMAN [44] , AGANBEKOW [1] sowie SCHRAJMAN und SCHAMRAJ [81] im vergangenen Jahr (1955). Die mitgeteilten Ergebnisse entsprechen denen beim Abteufen. Allerdings deutet einiges darauf hin, daß die erheblichen Verbesserungen nicht in erster Linie auf das größere Kaliber zurückzuführen sind, sondern auf ungünstige Schießpläne bei dem zum Vergleich benutzten alten Betriebsstatus mit normalen Durchmessern. So wurde nach [1] und [81] (die sich teilweise auf dasselbe Betriebsbeispiel beziehen) in einem lichten Querschnitt von 6,5 m^2 beim Übergang von 32 mm - auf 44 mm - Patronen die Lochzahl von 34 (!) auf 24 verringert und gleichzeitig die Abschlaglänge von 1,10 m (!) auf 1,40 m erhöht. Auf zu geringe Lochabstände kann man aus der Tatsache schließen, daß bei dem alten Verfahren die Detonation auf benachbarte Ladungen durchschlug. Leider sind keine Schußbilder angegeben. In dem Beispiel von KOJFMAN stieg die Abschlaglänge bei einem Ausbruchsquerschnitt von etwa 7,5 m^2 von 1,05 m bei kleinem Lochdurchmesser auf 1,50 bis 2,40 m bei größeren Durchmessern trotz Verringerung der Bohrlochzahl von 27 auf 20.

Den russischen Erfahrungen genau entgegengesetzt sind die Ergebnisse, die SHAFFER und NOREN bei Untersuchungen über den Einfluß des Patronendurchmessers im Jahre 1948 auf der Versuchsgrube der Bergakademie Missouri erhielten [82, 19]. In einer Strecke von 4,2 m^2 (2,0 x 2,1 m^2) Querschnitt im dolomitischen Kalk wurden Patronen von 25,4 und 31,8 mm ∅ in jeweils 2 Sprengstoffarten miteinander verglichen. Die entsprechenden Bohrlochdurchmesser betrugen 31,8 und 38,1 mm. Mit Brennereinbrüchen wurden Abschlaglängen von 1,5o m angestrebt. Die Versuche ergaben letzten Endes, daß in der Untersuchungsstrecke die Mindestlochzahl durch Verwendung dikkerer Patronen nicht unter die bei Kleinkaliber-Patronen erforderliche Zahl von 23/Abschlag gesenkt werden konnte. Bei dieser Mindestlochzahl benötigte man bei den dünneren Patronen sogar etwas weniger Sprengstoff als bei den dickeren Patronen [3].

1. 3 Gesichtspunkte für die Wahl des Bohrloch- und Patronendurchmessers

Zum Abschluß der Literaturbetrachtungen seien noch Gesichtspunkte für die Wahl des Bohrloch- und Patronendurchmessers zitiert.
Nach TERPIGOREW und JARZEW [90, S. 191] wird der Bohrlochdurchmesser gewählt in Abhängigkeit von

a) den Abmessungen der Ortsfläche,
b) der erforderlichen Bohrarbeit,
c) den mechanischen Bohreinrichtungen, die die notwendige Bohrleistung ermöglichen .

Der Mindestdurchmesser werde von dem Patronendurchmesser bestimmt, bei dem die zuverlässige Detonation der Ladung noch gesichert ist.

Einen sehr umfassenden und bemerkenswerten Überblick über die Faktoren, die die Kaliberwahl bestimmen, gibt L. MÜLLER in [64] . Er nennt im einzelnen:

1) das Streckenprofil, mit dem sich die Gesteinsverspannung und der spezifische Sprengstoffverbrauch je fm^3 Gestein ändert,

3. Der geringere Sprengstoffaufwand bei Kleinkaliber-Patronen dürfte wohl auf die bessere Streckung der Ladesäule im Brenner zurückzuführen sein

2) die Abschlaglänge. Der Sprengstoffbedarf steigt mit Potenz zwischen 2 und 3 der Abschlaglänge, dagegen die Aufnahmefähigkeit des Bohrlochs proportional der Bohrlochlänge. Dadurch ist entweder die Zahl oder der Durchmesser der Bohrlöcher veränderlich.
3) Je brisanter und dichter der Sprengstoff ist, desto kleiner kann der Laderaum oder die Zahl der Bohrlöcher sein.
4) Gewicht und Schlagzahl des Bohrhammers bestimmen den Rauminhalt der zu bohrenden Löcher. Grenzen setzt hierbei die Sprödigkeit des Hartmetalls.
5) Die Gesteinsfestigkeit bestimmt die Stärke der Ladung, also Zahl und Durchmesser der Bohrlöcher.
6) Schneidenform und -winkel sowie Material müssen sich dem Gestein anpassen.

Der Verfasser macht die Kaliberwahl davon abhängig, ob mehr oder weniger Arbeit oder Zeit zum Ausbohren von 1 m^3 Gestein bei kleinem oder großem Kaliber erforderlich ist und fordert praktische Versuche zur Lösung dieses Problems. Brauche man bei kleinen Bohrlöchern dazu weniger Aufwand, dann solle das Kaliber verkleinert und die Abschlaglänge verkürzt werden. Im Gegenfall solle man weniger Löcher mit großem Kaliber anstreben. L. MÜLLER nennt dann weiter folgende Einflüsse auf den Zusammenhang zwischen Bohrarbeit und Kaliber:

1) Mit wachsender Schneidenlänge und bei Schneidenverdoppelung sinkt die Schlagkraft des Hammers je cm Schneidenlänge.

2) Das äußerste Schneidenende hat am meisten zu leisten, und zwar umso mehr, je größer der Schneidendurchmesser ist.

3) Einfluß der Umfangsreibung von Bohrkrone und Gestängekaliberverschleiß.

4) Bei gleichbleibendem Umsetzwinkel ist die Umsetzweite im weiten Bohrloch größer als im engen.

5) Die Wirkung des Ausblasens ändert sich mit dem Durchmesser.

6) Die Gesteinsverspannung ändert sich wahrscheinlich ähnlich wie in verschiedenen Streckenprofilen.

Wie die am Ende vorliegender Arbeit notwendige Diskussion der Versuchsergebnisse zeigen wird, sind in der Aufzählung von L. MÜLLER die maßgebenden Einflußfaktoren qualitativ bereits ausgezeichnet erfaßt.

2. Die Aufgabe und Planung der Versuche

2. 1 Die Aufgabe

In Anbetracht der Bedeutung, die der Kaliberfrage im Bergbau zukommt, wurde sie als eines der ersten grösseren Probleme schon bald nach der im Januar 1953 erfolgten Gründung der Forschungsstelle für Bohr- und Schießtechnik (FBS)[4] in Angriff genommen.

Ziel der Untersuchungen war die Feststellung des wirtschaftlicnen Bohrloch- und Patronendurchmessers bei Schießarbeiten unter Tage, insbesondere im Streckenvortrieb. Um die Ergebnisse über den Versuchsort hinaus auf andere Betriebsbedingungen übertragen zu können, sollten nach Möglichkeit funktionelle Zusammenhänge der die Kaliberfrage wesentlich beeinflussenden Faktoren aufgedeckt und geklärt werden.

2. 2 Die Planung der Versuche

2. 21 Grundsätzliche Forderungen

Um für die Praxis allgemein gültige Ergebnisse zu ermöglichen, mußten die Versuche 2 grundsätzliche Forderungen erfüllen:

a) betriebsnahe Versuchsbedingungen sind notwendig, wenn die Ergebnisse mehr als theoretischen Wert haben sollen;

b) reine Versuchsbedingungen sind die Voraussetzung für die Reproduzierbarkeit von Versuchswerten und damit für ihre Allgemeingültigkeit.

Die beiden Forderungen waren sowohl an das Versuchsort (Gestein) wie auch an die technischen Versuchsbedingungen zu stellen. Sie scheinen sich zunächst weitgehend zu widersprechen und bestimmten deshalb wesentlich die Gesichtspunkte für die Planung.

---

4. Seit Sept. 1954: "Gesellschaft zur Förderung der Forschung auf dem Gebiete der Bohr- und Schießtechnik e.V. (GFBS)"

2. 22 Arbeitsplan

Um die Systematik des Versuchsprogramms zu gewährleisten, wurde ein ausführlicher Arbeitsplan aufgestellt. Seine wichtigsten Grundlagen liegen in folgenden Gesichtspunkten:

Im Ortsbetrieb sind die Einflüsse des Kalibers in einen unübersichtlichen und kaum lösbaren Knäuel mit vielfältigen anderen Einflußgrößen verstrickt. Daher rühren die besonders bei Betriebsversuchen stark ins Auge fallenden erheblichen Widersprüche in den Ergebnissen. Um über die Richtung und Stärke einzelner Einflüsse - hier: des Bohrloch- und Patronendurchmessers - einen raschen und sicheren Überblick zu bekommen, erscheint es deshalb notwendig, sie aus dem gesamten Komplex zunächst herauszulösen und in grundlegenden Vorversuchen gesondert zu erforschen. Diese Vorversuche gewährleisten eine höhere Konstanz der Versuchsbedingungen und bieten die Möglichkeit, die getrennten Einflußgrößen willkürlich einzeln zu verändern und genau zu messen.

Ziel der Vorversuche ist die genaue Ermittlung der quantitativen Beziehungen zwischen Schneidendurchmesser und den verschiedenen Bohrergebnissen auf der einen Seite sowie der Beziehungen zwischen Patronendurchmesser und Schießerfolg auf der anderen Seite.

Im zweiten Teil der Untersuchungen sollen die bei den Vorversuchen gewonnenen Erkenntnisse auf bohr- und schießtechnischen Gebiet im Betriebsversuch(Streckenvortrieb) überprüft bzw. praktisch angewendet werden mit dem Ziel, den wirtschaftlichen Kompromiß, also den gemeinsamen Bestwert, zu bestimmen. Mit anderen Worten: Die in den Vorversuchen getrennten Komplexe der Bohr- und Schießarbeit sollen hier wieder zusammengeführt und unter dem Gesichtswinkel der wirtschaftlichsten Kombination untersucht werden.

Es ergibt sich also folgende Einteilung der Versuche (und damit des nachfolgenden Teiles der Arbeit):

1) Vorversuche

   a) Bohrversuche zur Klärung der Beziehungen zwischen Schneidendurchmesser und Bohrgeschwindigkeit.

   b) Schießversuche zur Klärung der Beziehungen zwischen Patronendurchmesser und Schießerfolg.

2) Betriebsversuche

zur Bestimmung des wirtschaftlich optimalen Bohrloch- und Patronendurchmessers im praktischen Betrieb (Streckenvortrieb).

Die grundsätzliche Linie des Arbeitsplanes wurde bei der Versuchsdurchführung eingehalten, wenn auch die erzielten Zwischenergebnisse in einzelnen Punkten Abweichungen vom ursprünglichen Versuchsplan nicht vermeiden ließen. Insbesondere zwang der erhebliche Zeitbedarf der Versuche zu einer starken Beschränkung auf die eigentliche Aufgabe, nämlich die Kaliberfrage, und zur Vernachlässigung durchaus lohnender, aber am Rande liegender Einflußgrößen, wie z. B. Patronenlänge, Besatz usw. Sie wurden mit Rücksicht auf die Reinheit der Versuchsbedingungen über alle Versuche konstant gehalten. Außerdem wurde - selbst unter Inkaufnahme von erheblichen Zeitverlusten - stets dann von der geplanten Versuchsdurchführung abgewichen, wenn die Grundforderung, nämlich die Reproduzierbarkeit der Ergebnisse, nicht erfüllt war.

2.23 Versuchsort

Als Versuchsort war zunächst eine Strecke auf der 18. (750 m-) Sohle der Schachtanlage Wiemannsbucht des Erzbergwerks Grund vorgesehen. Sie steht in Wechsellagerungen von sehr verschieden harten Grauwacken- und Tonschieferbänken, die nach Testversuchen, die der Verfasser im Juli 1953 durchführte, sehr verschiedene Bohrbarkeitswerte aufweisen. Bezüglich der Schießbarkeit waren noch stärkere Streuungen zu erwarten. Die Strecke erschien deshalb für die vorgesehenen Untersuchungen als ungeeignet.

Günstigere Verhältnisse wurden in einer Kniestweitung im Niveau der Tagesfördersohle des Erzbergwerkes Rammelsberg angetroffen, wo die Versuche schließlich im Januar 1954 begonnen wurden. Der Kniest ist ein dichtes, ungeschiefertes, grauschwarzes Gestein mit muscheligem Bruch. Infolge seines hohen Quarzgehaltes (ca. 60 %) weist er eine erhebliche Härte auf. Er ist schwach vererzt [47]. In seiner Textur ähnelt er einem massigen Gestein, in seiner Zusammensetzung einem Sandschiefer, ist aber wesentlich schwerer bohrbar als dieser.

Im Kniest wurde ein Teil der Bohrversuche, sämtliche schießtechnischen Vorversuche und eine Hälfte der Betriebsversuche durchgeführt. Im Rahmen der Betriebsversuche stand außerdem eine Strecke im Tonschiefer zur Verfügung. Die Bohrversuche wurden neben dem Kniest im Tonschiefer sowie auf dem Versuchsstand Clausthal in Granitblöcken vorgenommen.

3. Bohrversuche

3. 1 Grundsätzliches zur Versuchsmethode

Wie die umfangreichen Untersuchungen der "Gemeinschaftsarbeit Gesteinsbohrtechnik" 5) gezeigt haben, wird die Bohrgeschwindigkeit beim schlagenden Bohren in erheblichen Maße von der aufgelegten Vorschubkraft 6) beeinflußt. Hält man alle sonstigen Einflußgrößen konstant, so wird die größte Bohrgeschwindigkeit bei einer ganz bestimmten Größe der Vorschubkraft, dem "optimalen Andruck", erreicht. Eine Vergleichbarkeit von Bohrergebnissen ist nur dann gegeben, wenn diese bei der optimalen Vorschubkraft erzielt wurden. [29,31,15] .

Aus diesem Grund wurden die Bohrversuche in Anlehnung an die von der Gemeinschaftsarbeit Gesteinsbohrtechnik entwickelte Methode durchgeführt, bei der mit Hilfe eines Vorschubgerätes mit einstellbaren Vorschubkräften gebohrt wird, wobei sich für die mittleren Bohrgeschwindigkeiten eine Kurve über der Vorschubkraft ergibt, deren Optimalwerte (=Maxima) Verglei - chen zugrundegelegt werden.

3. 2 Technische Einrichtung

Die technische Einrichtung der Versuchsstände war meßtechnisch zweckmäßig, dabei einfach und übersichtlich. Sie gestattete, unter genau definierten und eingehaltenen Versuchsbedingungen zu arbeiten. Im einzelnen bestand die Einrichtung aus:

5. Die "Gemeinschaftsarbeit Gesteinsbohrtechnik" ist die Vorläuferin der heutigen "Gesellschaft zur Förderung der Forschung auf dem Gebiete der Bohr- und Schießtechnik" (GFBS)

6. Der allgemein gebräuchliche terminus technicus "Andruck" ist insofern irreführend, als es sich bei ihm nicht um einen Druck (kg/cm^2), sondern um eine Kraft (kg) handelt. Hier und im folgenden wird deshalb die Bezeichnung "Vorschubkraft" benutzt

1) Bohrgerät
 a) Bohrhammer
 b) Schlagbohrer
2) Vorschubgerät
3) Druckluft- und Wasserarmaturen
4) Verschleißmeßgerät
5) Bohrloch-Kalibermesser

Mit dieser Einrichtung wurden alle Versuchsreihen am festen Stoß durchgeführt. Für die Bohrversuche am Granitblock auf dem Versuchsstand Clausthal stand die dortige vollkommenere Versuchseinrichtung zur Verfügung.

3. 21 Bohrgerät

Alle Bohrversuche wurden mit dem Bohrhammer, Type AZW 20, der Firma Flottmann durchgeführt. Zentralspülung wurde gewählt, um Einflüsse des Spülkopfes auf die Bohrleistung auszuschalten.

Um Einflüsse der Gestängeverbindung auf das Bohrergebnis zu vermeiden, kamen ausschließlich einteilige Stangenbohrer (sog. "Monobloc-Bohrer") mit Zapfeneinsteckende zur Verwendung. Ihre Daten im einzelnen zeigt Tabelle 5.

T a b e l l e 5

Bohrerdaten

nutzbare Bohrerlänge		2 m		
Stangenprofil	S 19	S 22		
festes Zapfeneinsteckende	36 x 18 ∅	38 x 19 ∅		
Schneidendurchmesser (mm)	28	32	36	42
Schneidenform	Einfachmeißel			
Hartmetallsorte	Widia G 2			
Schneidenradius	67,5 mm			
Schneidenwinkel	110°			
Hinterschliffwinkel	2°			
Fasenbreite	1,0 mm			

3. 22 Vorschubgerät

Wegen der besseren schwingungstechnischen Eigenschaften und der leichteren Bedienung wurden die Bohrversuche mit einem pneumatischen Vorschubgerät durchgeführt (das alte Vorschubgerät der "Gemeinschaftsarbeit Gesteinsbohrtechnik" arbeitete mit Gewichtsbelastung). Das auf dem Versuchsstand Clausthal benutzte Gerät mit starrer Kolbenstange kann wegen seiner grossen Baulänge unter Tage nicht eingesetzt werden.

Es wurde deshalb ein Gerät konstruiert, bei dem der Kolben durch ein biegsames Stahlband ersetzt ist, das am Kolben und Bohrhammerschlitten befestigt ist. Es besitzt den zusätzlichen Vorteil, daß der Bohrhammer mit Druckluft zurückgefahren werden kann. Es ist in Abbildung 3 im Einsatz zu sehen.

Abbildung 3

Vorschubgerät (Bauart HAHN) im Einsatz

Das Gerät wird mit seinem vorderen Ende mit einem Bolzen an der gelochten Traverse befestigt, die in 2 mittels Gesteinsschrauben am Stoß befestigten Halteschienen senkrecht verschiebbar ist. Verstellbare Zweibeine gestatten das Einrichten der Laufschiene. Unter dieser befindet sich der Vorschubzylinder. An dem darin laufenden Kolben sind beidseitig Stahlbänder angeschlagen, die durch Stopfbüchsen heraus und um 2 kugelgelagerte Umlenkrollen zum Hammerschlitten geführt sind. Die Druckluft wird durch einen Dreiwegehahn vor oder hinter den Kolben geleitet. In der Zuleitung zum Hahn befindet sich ein Reduzierventil, das zusammen mit einem Feinmessmanometer das Einstellen des Preßluftdruckes im Vorschubzylinder und damit der Höhe der Vorschubkraft (nach Eichkurve) gestattet. Das Gerät hat sich als sehr zweckmäßig erwiesen.

3. 23 Druckluft- und Wasserarmaturen

Mit Hilfe geeigneter Reduzierventile wurden Druckluft- und Wasserdruck jeweils über die ganze Versuchsreihe konstant gehalten. Die genaue Einhaltung des Preßluftdruckes wurde mit einem Feinmeßmanometer kontrolliert.

Der Wasserdruck wurde mittels Reduzierventil grundsätzlich 1 at unter dem Preßluftdruck gehalten, da sich dies nach allgemeiner Erfahrung bei Zentralspülung als zweckmäßig erwiesen hat [15 u.a.]. Die Schlauchlängen wurden über alle Versuche konstant gehalten, ihre Durchmesser betrugen für die Druckluft (Bohrhammer) 25 mm Ø, für das Spülwasser 19 mm Ø.

3. 24 Verschleißmeßgeräte

Die Messung des Kaliberverschleißes der Bohrschneiden erfolgte mittels Mikrometerschraube, die eine Ablesung von 0,01 bzw. 0,005 mm gestattete. Die Messung erfolgte vor und nach dem Nachschleifen der Bohrer. Aus jeweils mehreren Messungen wurde der Mittelwert bestimmt und in das Protokoll übernommen.

Um den Höhenverschleiß der Bohrschneiden von Stangenbohrern messen zu können, wurde ein neues Meßgerät entwickelt. Es ist auch zur Bestimmung des Kaliberverschleißes geeignet. Abbildung 4 a (s.S. 38) zeigt das Gerät bei der Messung des Höhenverschleißes, Abbildung 4 b bei der Bestimmung des Kaliberverschleißes. Der Bohrer wird in je nach Stangenprofil und -durchmesser auswechselbare Lehren eingelegt und verschraubt. Als Bezugsmarke für die Messungen dient eine feine konische Bohrung im Bohrstahl, die - je nach Lage - mit einer der beiden Tastschrauben eingestellt wird. Zu diesem Zweck kann die Halteplatte mit einer Einstellschraube in Längsrichtung der Bohrstange verstellt werden. In einem Spindeltrieb ist die Halterung für die Meßuhr befestigt, die die Ablesung von 0,01 mm und Schätzung von 0,001 mm gestattet.

Durch eine Skala am Kopfende des Spindelgehäuses und eine Feinskala am Spindelrad kann die genaue Stellung der Meßuhr bestimmt und reproduziert werden. Zur Kalibermessung wird die Halteplatte des Spindeltriebes um 90° gekippt.

Die Messung bedarf einer gewissen Sorgfalt und Geschicklichkeit. Da jede Messung mehrmals wiederholt werden muß, ist das Verfahren ziemlich zeitraubend. Es ist auch ausschließlich für Spezialuntersuchungen, nicht etwa für den praktischen Betrieb bestimmt. Überprüfungen der Meßgenauigkeit (einschließlich des Ein- und Ausspannens des Bohrers für jede Einzelmessung) ergaben folgende mittlere Fehler des Mittelwertes:

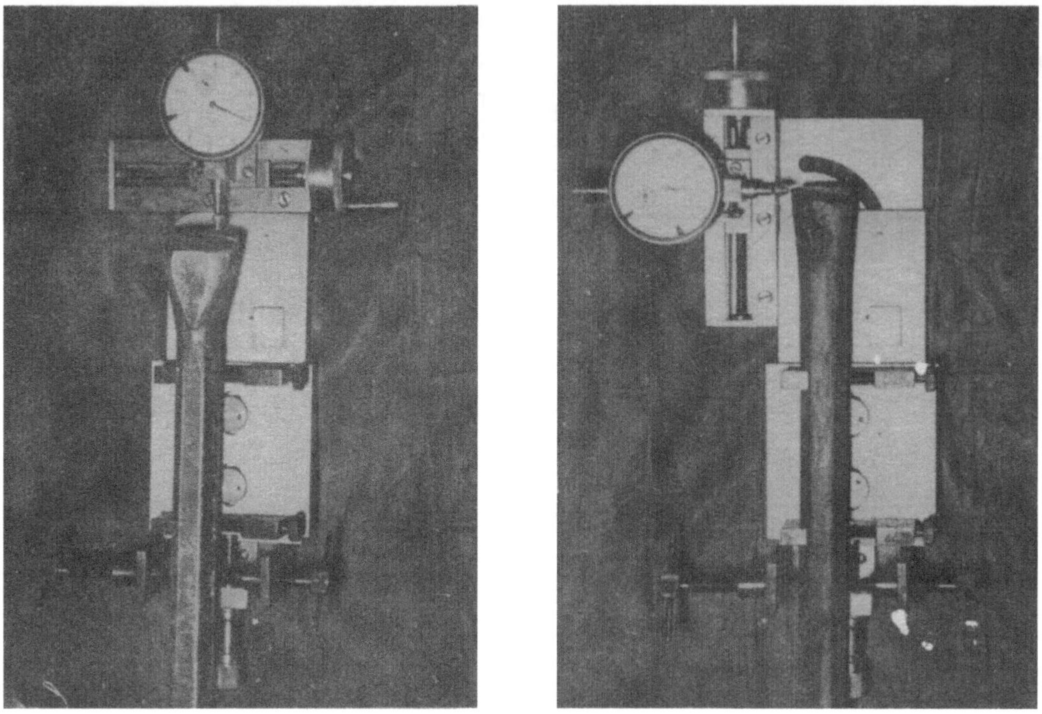

A b b i l d u n g 4 a und 4 b

Verschleißmeßgerät (Bauart <u>HAHN</u>) bei der Bestimmung des Höhenverschleißes (Abb. 4 a)und des Kaliberverschleißes (Abb.4 b)

bei 15 Einzelmessungen: 8 μ

bei 5 Einzelmessungen: 9 ... 19 μ

Bei laufender Durchführung der Messungen im Rahmen der vorliegenden Versuche erreichte der Messende nach Einarbeitung eine Genauigkeit von 6 ... 8 μ bei 3 bis 5 Einzelmessungen. Diese (und auch eine etwas geringere) Meßgenauigkeit kann bei einem Verschleiß von etwa 100 bis 500 μ je Einsatz als gut bezeichnet werden, um so mehr, als die Verschleißergebnisse an sich schon erheblich streuen.

3. 25 Bohrloch- Kalibermesser

Bohrleistungsvergleiche bei verschiedenem Kaliber bezogen sich bisher stets auf den Schneidendurchmesser. Für die Bohrarbeit ist jedoch vor allem der Bohrlochdurchmesser maßgebend, der allein die genaue Bestimmung des ausgebohrten Volumens gestattet.

Es ist bekannt, daß die Bohrlöcher besonders bei größeren Schneidenkalibern nicht ideal rund sind, sondern sich einer eckigen Form annähern können, wobei die Zahl der Bohrlochecken um 1 größer ist als die der Schneidenecken [10, 65]. Die Bohrlöcher können also verschiedene Durchmesser aufweisen (s. Abb. 5).

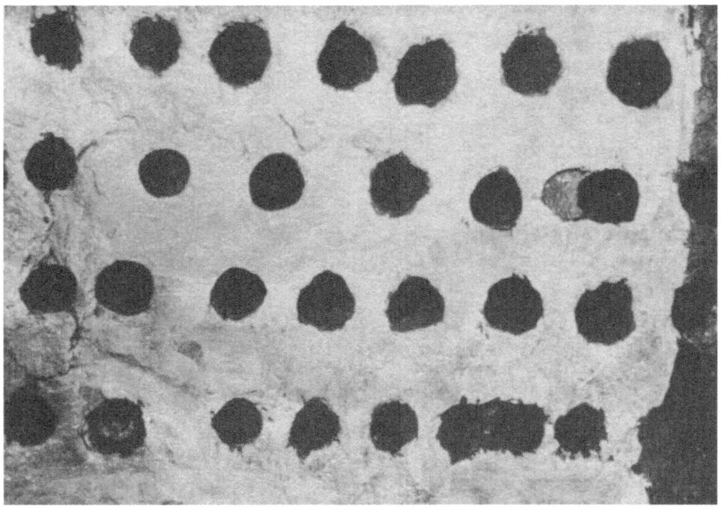

Abbildung 5
Runde und unrunde Bohrlochquerschnitte

Versuche, den Bohrlochdurchmesser mit Hilfe von fein abgestuften, runden Hartholzklötzchen, die auf eine Stange aufgeschraubt wurden, zu bestimmen, scheiterten. Klemmbackengeräte erfordern peinlich saubere Bohrlöcher und sind nicht geeignet, bei unrunden Löchern den größten und den kleinsten Durchmesser zu ermitteln. Aus diesem Grund wurden in der Werkstatt der Forschungsstelle Clausthal nach einem amerikanischen Vorschlag [34a] zwei neuartige Kalibermesser gebaut, die überlappende Meßbereiche haben und die Mesaung von Bohrlöchern zwischen 20 und 55 mm Ø gestatten. Ihr Prinzip besteht darin, daß auf einem Kegel drei mit einer Ablesevorrichtung verbundene Stahlkugeln verschoben werden können. Man kann auf diese Weise an jeder beliebigen Stelle des Bohrlochs sowohl den größten als auch den kleinsten Durchmesser bestimmen. Die Abbildungen 6 - 8 zeigen die Kegel mit den verschiebbaren Kugeln, die Ablesevorrichtung und die Handhabung des Gerätes. Die Meßskala ist auf mm geeicht, Bruchteile von mm lassen sich gut abschätzen.

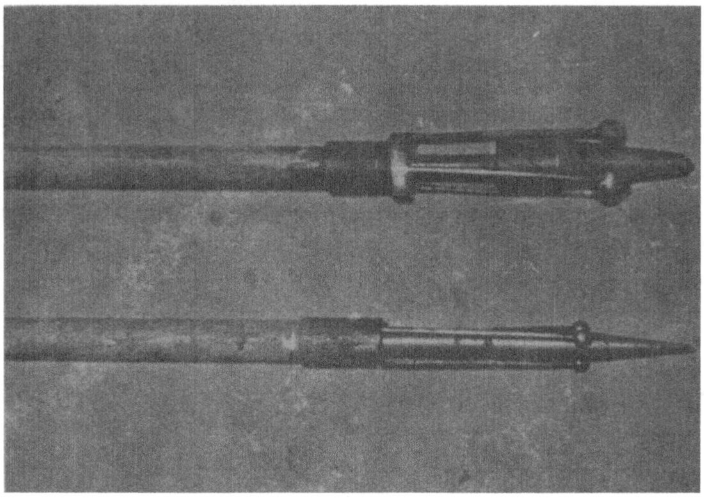

A b b i l d u n g 6

Bohrlochseite des Bohrloch-Kalibermessers

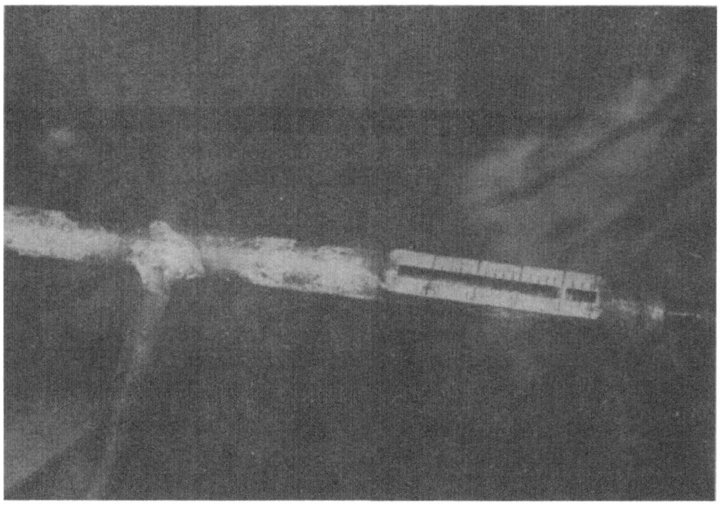

A b b i l d u n g 7

Meßskala des Bohrloch-Kalibermessers

3. 3 Durchführung der Bohrversuche

3. 31 Personal

Bei der Durchführung der Bohrversuche unter Tage waren neben dem Versuchsleiter oder seinem Stellvertreter 2 Hilfskräfte erforderlich. Die Aufgaben beim Bohren waren wie folgt verteilt:

Abbildung 8

Handhabung des Bohrloch-Kalibermessers

Versuchsleiter: Regulierung der Vorschubkraft am Reduzierventil, Zeitnahme, Protokollierung.

1. Hilfskraft: Bedienung des Bohrhammers, Markierung der minütlichen Bohrfortschritte auf der Laufschiene.

2. Hilfskraft: Überwachung und Regulierung von Druckluft- und Spülwasserdruck.

Auf dem Versuchsstand Clausthal genügen infolge der besseren technischen Einrichtung 1 - 2 Mann für die Versuchsdurchführung.

3. 32 Verfahrenstechnik

Nach Aufstellung des Vorschubgerätes am Ortsstoß wurde zunächst mit einigen Versuchen die ungefähre Größe der optimalen Vorschubkraft ermittelt. Mit dieser wurden sodann über die gesamte abzubohrende Fläche verstreut etwa 10 Bohrlöcher unter völlig konstanten Bedingungen hergestellt und ihre Streuung mathematisch ermittelt. Nur wenn die Homogenität der betreffenden Gesteinspartie den Ansprüchen genügte, fand die Versuchsserie an diesem Ort statt. Der ermittelte Fehler der Einzelmessung betrug bei den hier verwerteten Versuchsreihen in allen Fällen unter $\pm$ 5 %.

Alle Löcher wurden vor dem eigentlichen Versuch einige cm angebohrt, um dem Bohrer Halt zu geben. Dieser Teil des Bohrlochs ist nur für den Verschleiß verwertet, nicht aber für die Bohrgeschwindigkeit.

Die Tiefe der Bohrlöcher betrug in allen Fällen etwa 1 m. Größere Längen läßt die durch die Enge der Grubenräume bedingte Baulänge des Vorschubgerätes in Verbindung mit Unebenheiten der Ortsbrust nicht zu. Bei den Versuchen auf dem Bohrversuchsstand Clausthal ist dieselbe Beschränkung durch die Größe der Gesteinsblöcke gegeben.

Zur Kontrolle wurden neben der gesamten Bohrlochtiefe auch die je Minute erlängten cm auf der Laufschiene markiert und in das Versuchsprotokoll eingetragen.

3. 33 Versuchsreihen

Folgende Versuchsreihen wurden je über 4 Kaliber (28 - 32 - 36 - 42 mm ∅) durchgeführt:

1)	Rammelsberg:	Kniest	4,5 atü	Preßluftdruck
2)	Rammelsberg:	Kniest	5,0 atü	"
3)	Rammelsberg:	Tonschiefer	4,5 atü	"
4)	Clausthal:	Granit	4,5 atü	"
5)	Clausthal:	Granit	6,0 atü	"

Auf dem Rammelsberg wurden je Reihe rd. 170 bis 225, im Granit 70 bis 80 Loch gebohrt. Die Absicht, in dem quarzitischen Kahleberg-Sandstein des Erzbergwerkes Rammelsberg zu bohren, mußte aufgegeben werden, da dieser sich an 2 untersuchten Stellen als zu inhomogen erwies. Insgesamt wurden im Rahmen der bohrtechnischen Vorversuche 775 Bohrlöcher unter genau festgelegten Bedingungen gebohrt und in allen Einzelheiten protokolliert.

3. 4 Ergebnisse

3. 41 Die Bohrgeschwindigkeit als Funktion der Vorschubkraft

In den Diagrammen, Abbildung 9 - 13, ist für die verschiedenen Versuchsserien die Bohrgeschwindigkeit v (cm/min) in Abhängigkeit von der Vorschubkraft P (kg) und dem Schneidendurchmesser d_B (mm) als Parameter aufgetragen. Die Kurven zeigen, daß die Bohrgeschwindigkeit in starkem Maße von der Vorschubkraft abhängig ist und bei einem bestimmten Wert von P ein ausgeprägtes Optimum erreicht.

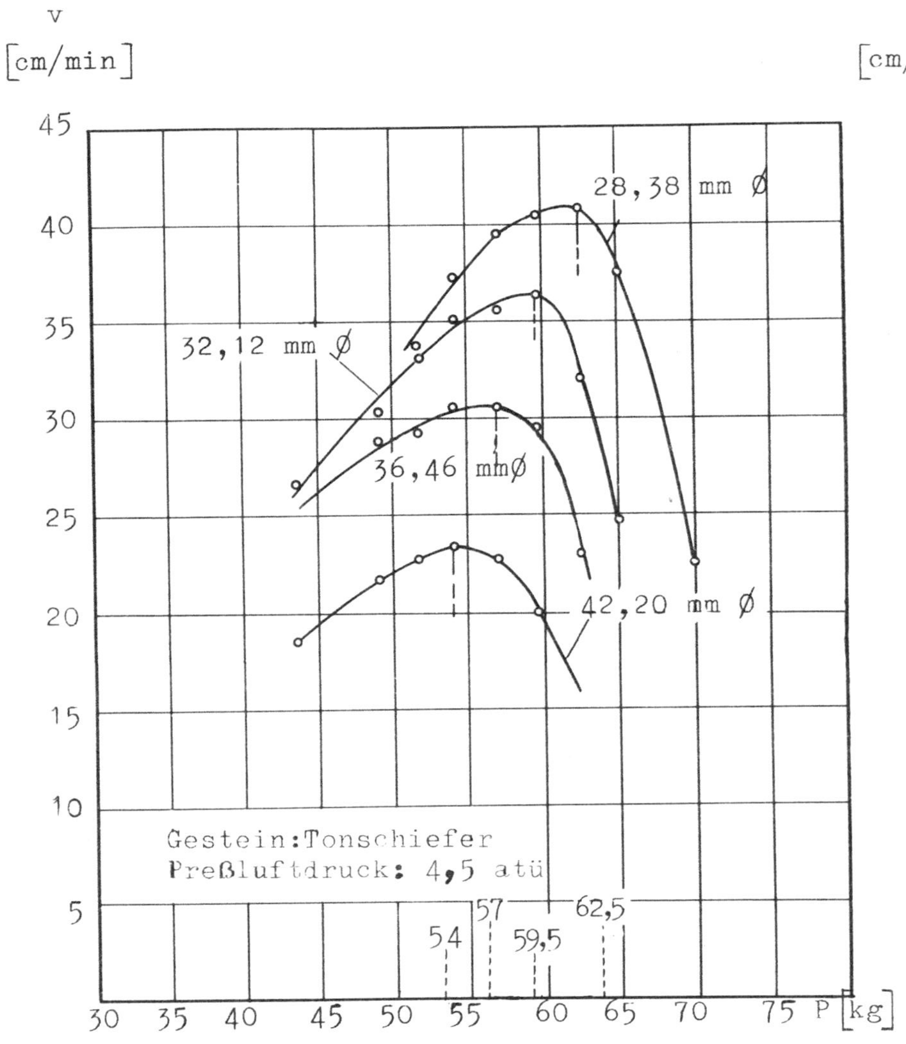

A b b i l d u n g 9

Beziehungen zwischen Vorschubkraft u. Bohrgeschwindigkeit b. verschiedenen Schneidendurchmessern

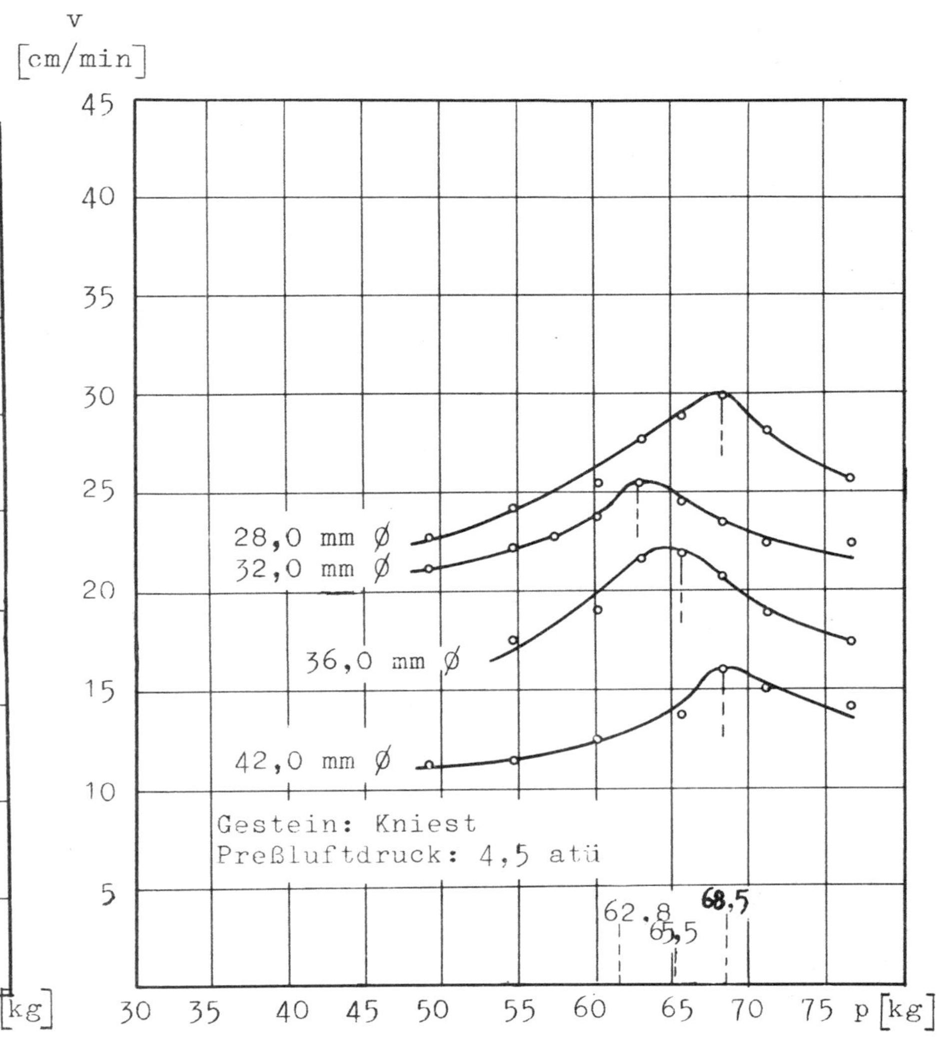

A b b i l d u n g 10

Beziehungen zwischen Vorschubkraft u. Bohrgeschwindigkeit b. verschiedenen Schneidendurchmessern

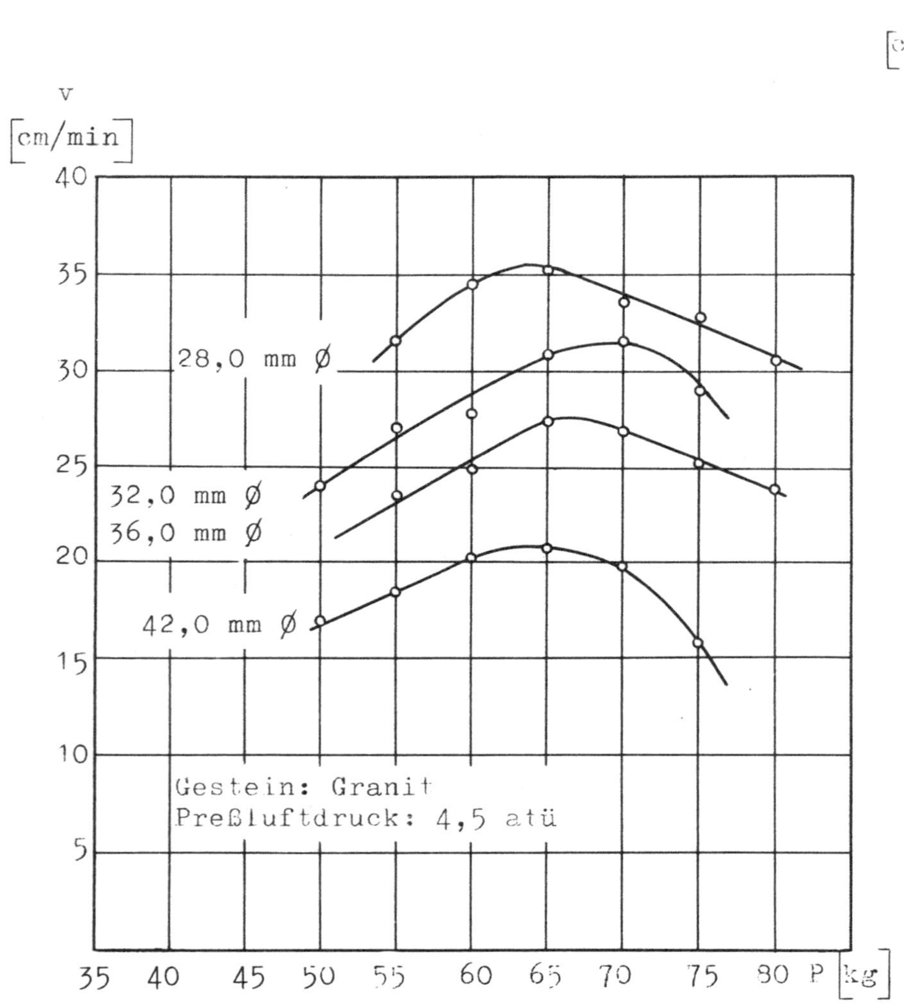

A b b i l d u n g 11

Beziehungen zwischen Vorschubkraft u. Bohrgeschwindigkeit b. verschiedenen Schneidendurchmessern

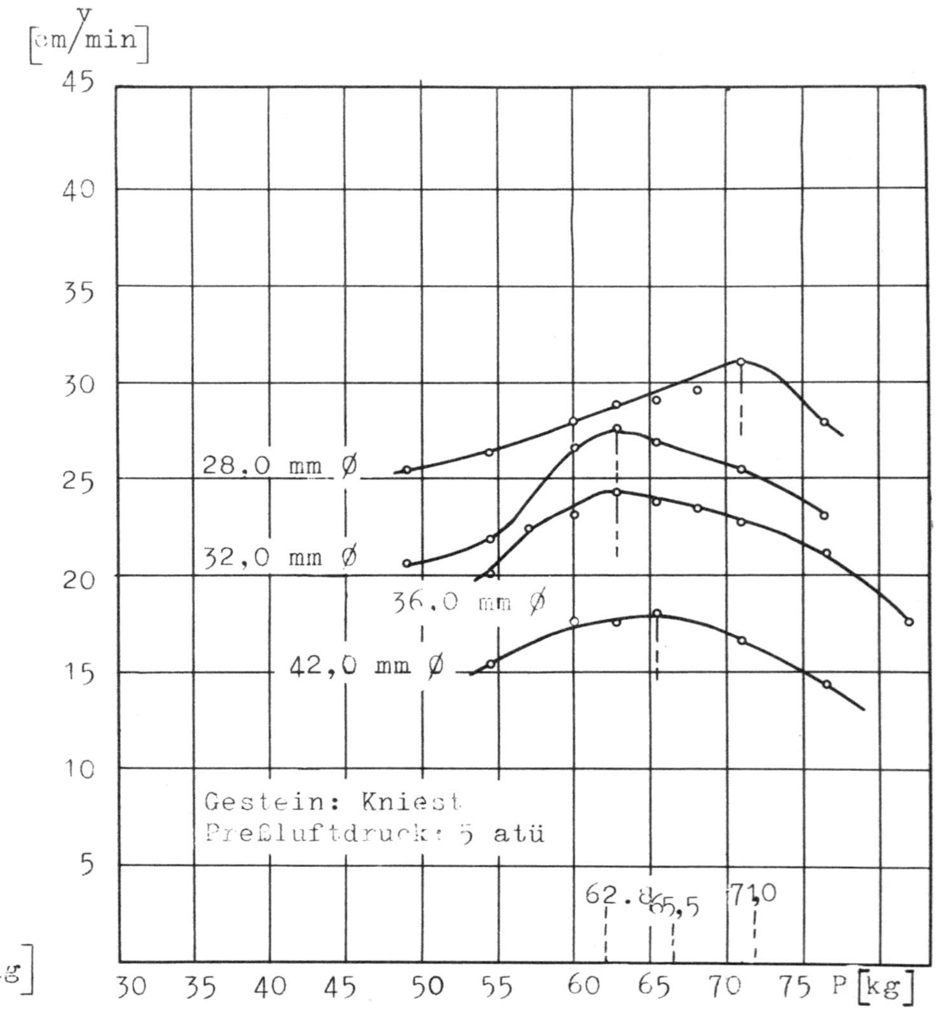

A b b i l d u n g 12

Beziehungen zwischen Vorschubkraft u. Bohrgeschwindigkeit b. verschiedenen Schneidendurchmessern

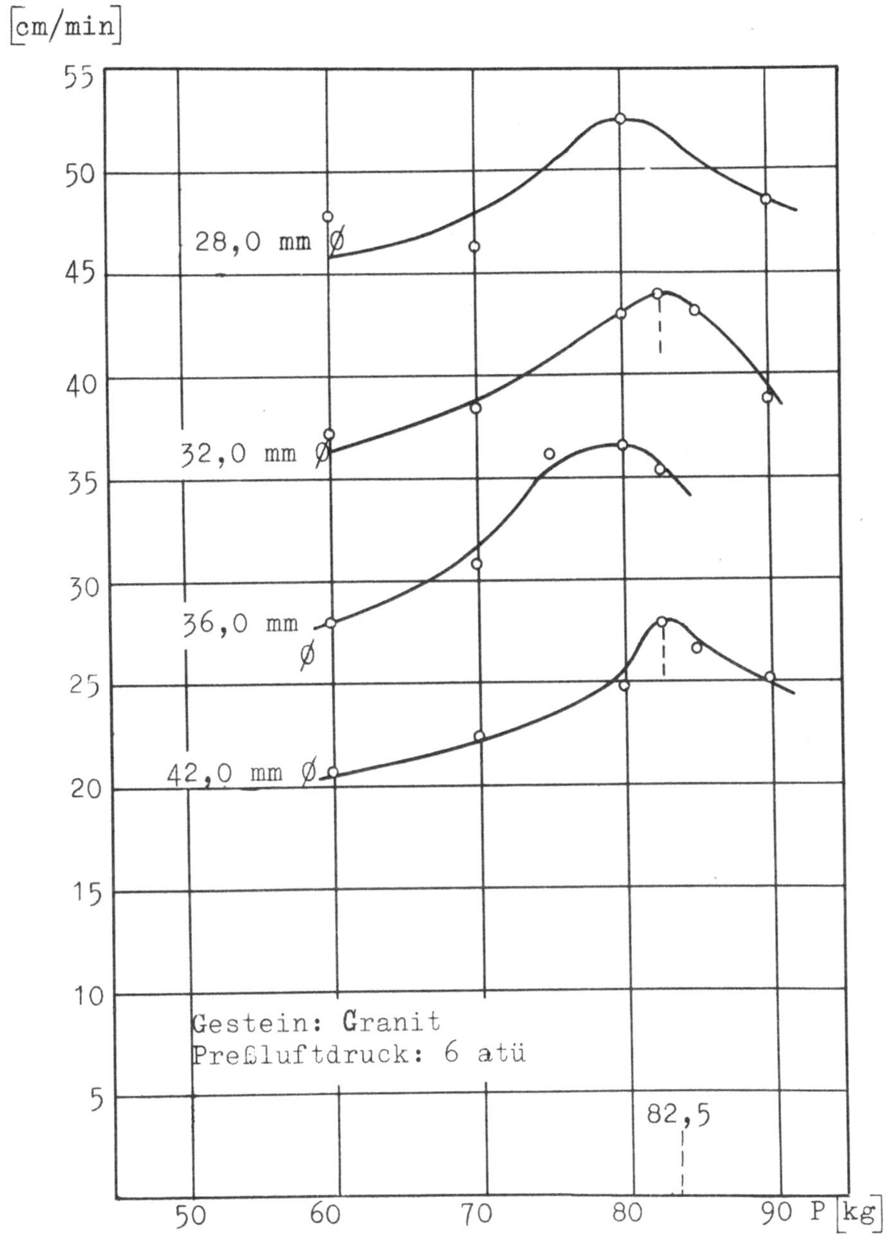

A b b i l d u n g 13

Beziehungen zwischen Vorschubkraft und Bohrgeschwindigkeit bei verschiedenen Schneidendurchmessern

3. 42 Quantitativer Zusammenhang zwischen Schneidendurchmesser und Bohrgeschwindigkeit.

Wie schon auf Seite 34 betont wurde und auch die Abbildung 9 - 11 beweisen, können Bohrergebnisse nur bei optimaler Vorschubkraft verglichen werden. Trägt man die entsprechenden optimalen Bohrgeschwindigkeiten der

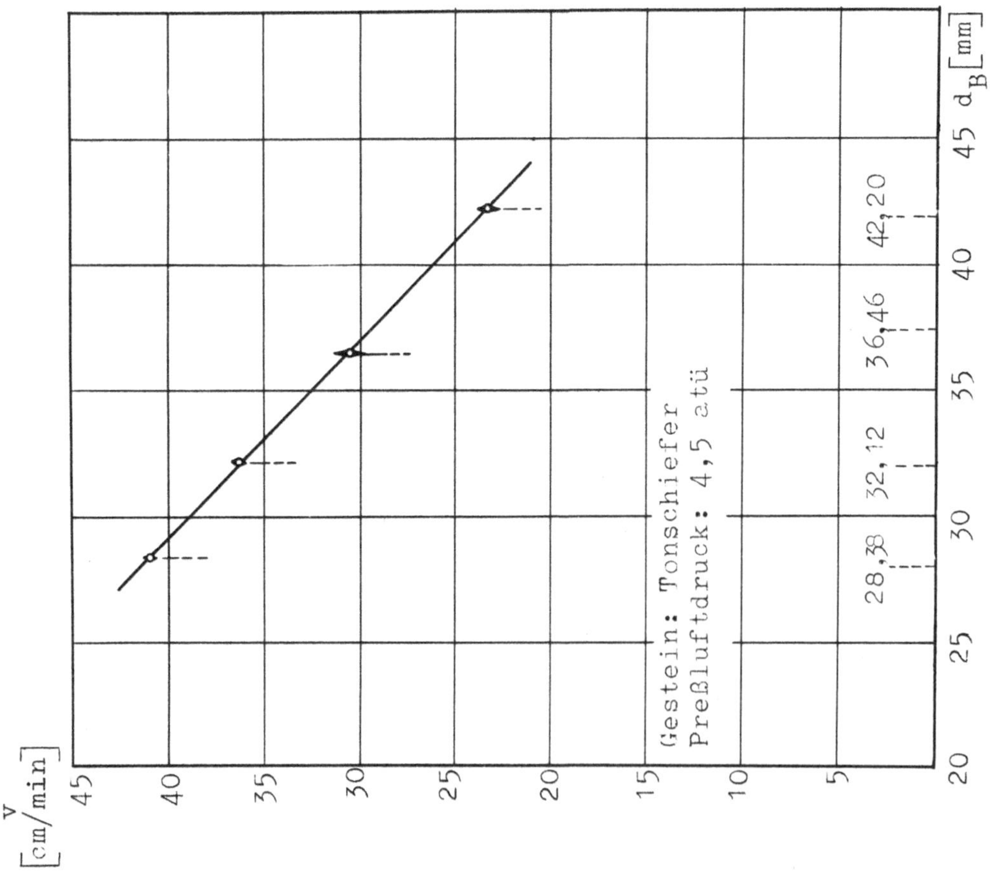

A b b i l d u n g 14

Beziehungen zwischen Schneidendurchmesser und Bohrgeschwindigkeit

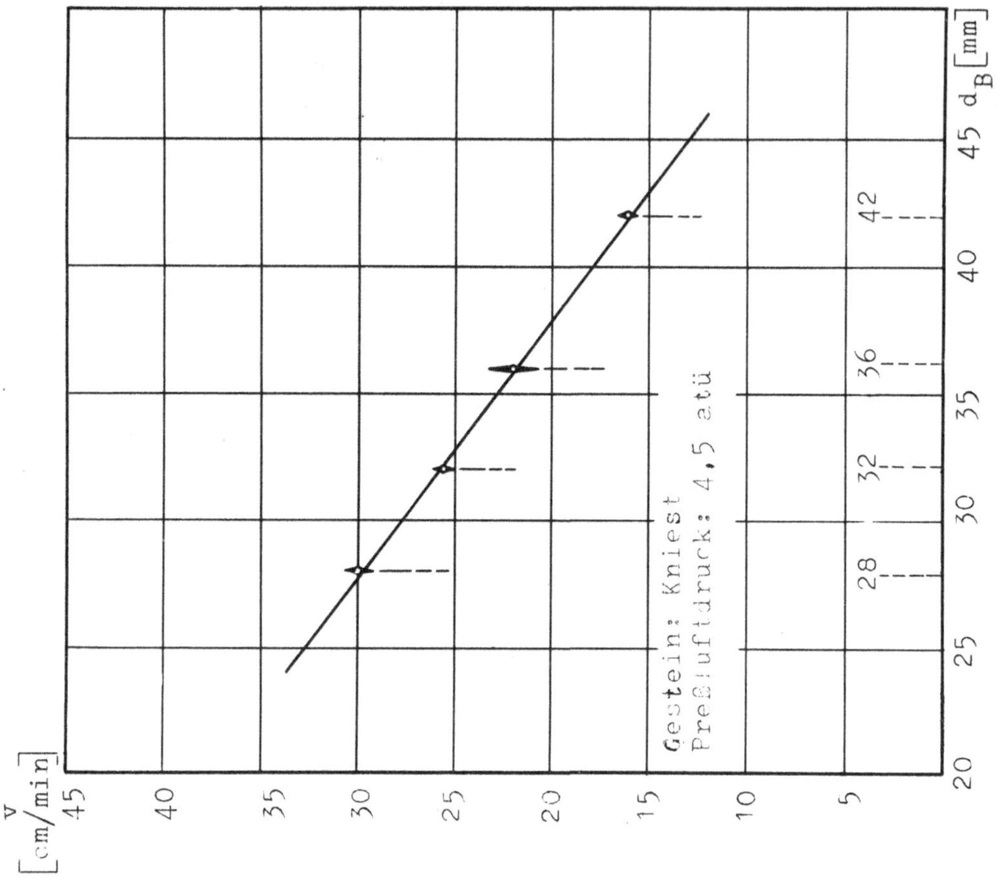

A b b i l d u n g 15

Beziehungen zwischen Schneidendurchmesser und Bohrgeschwindigkeit

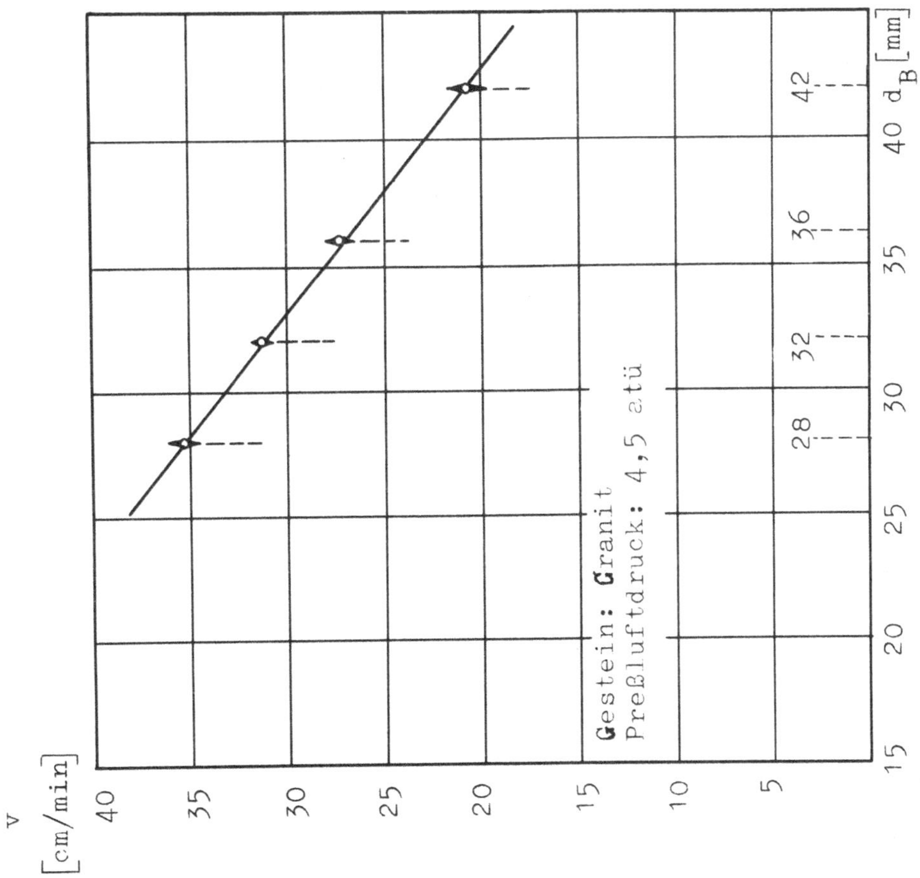

A b b i l d u n g 16

Beziehungen zwischen Schneidendurchmesser und Bohrgeschwindigkeit

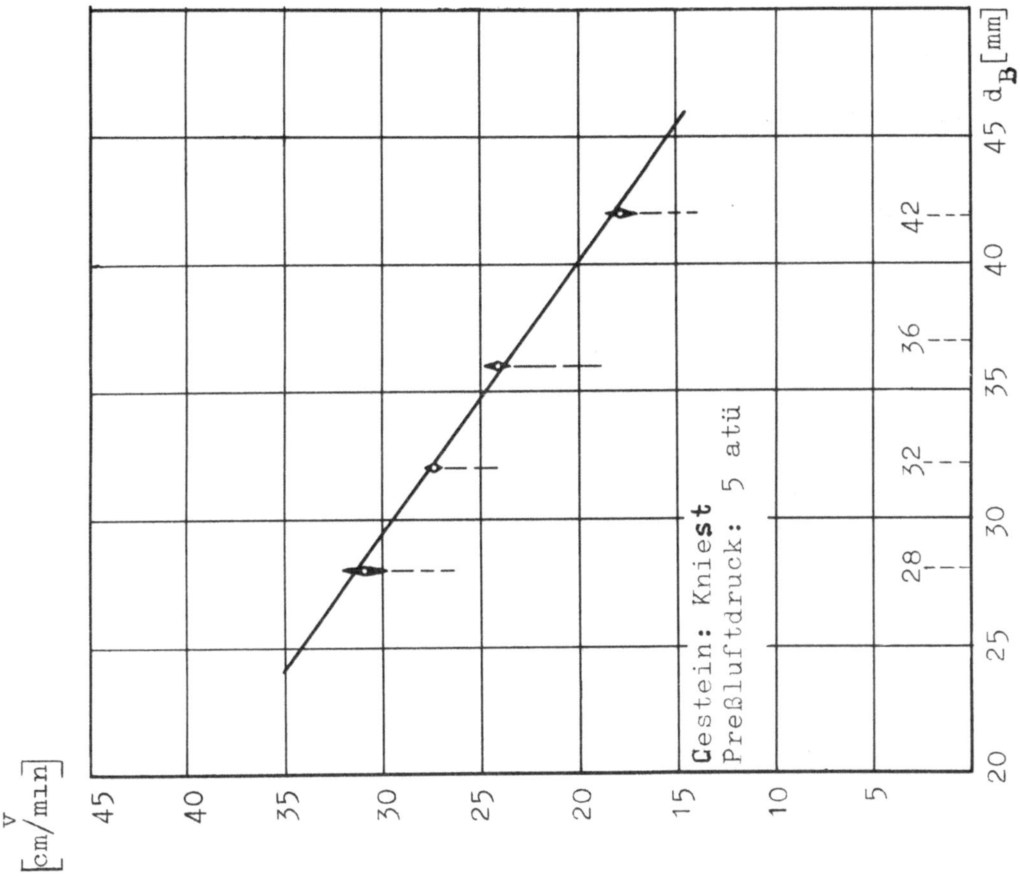

A b b i l d u n g 17

Beziehungen zwischen Schneidendurchmesser und Bohrgeschwindigkeit

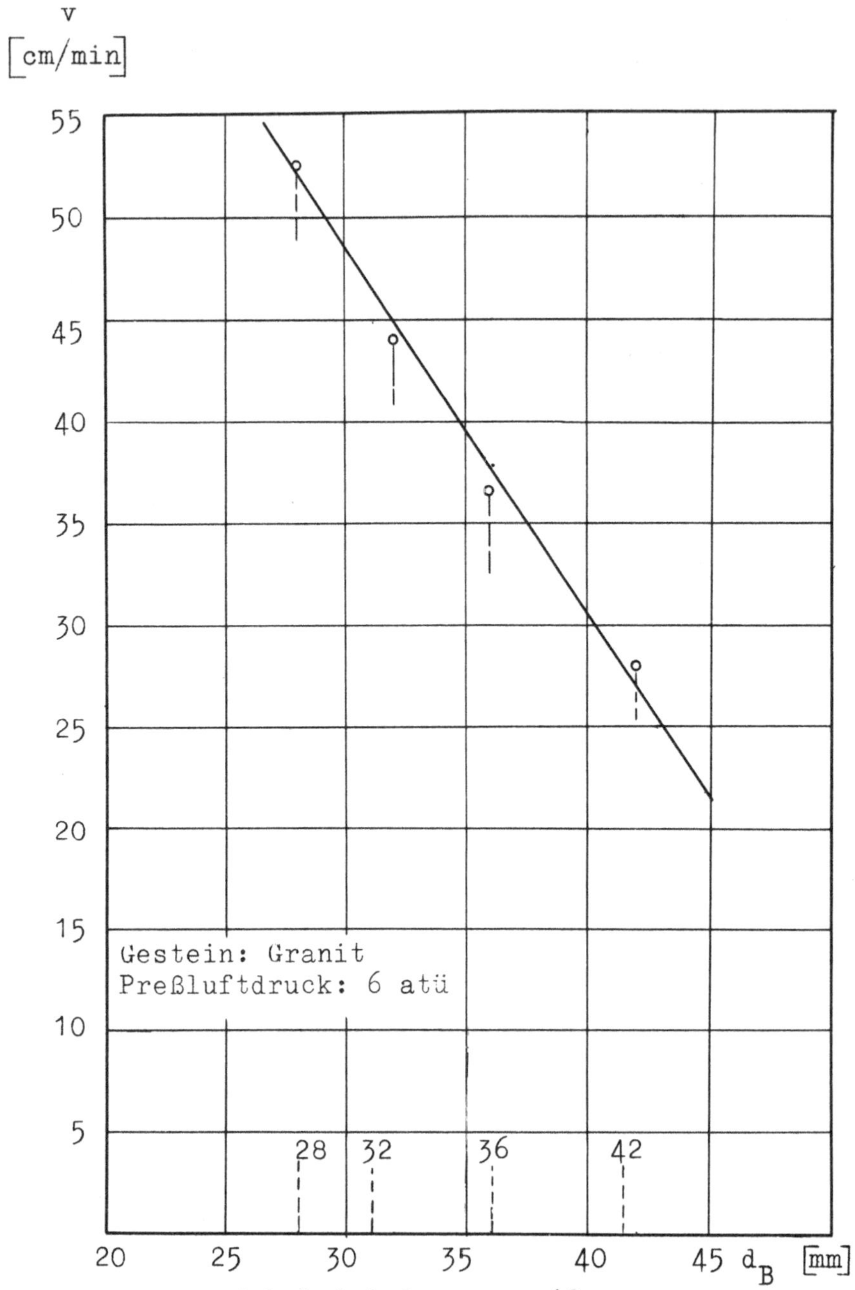

A b b i l d u n g 18

Beziehungen zwischen Schneidendurchmesser
und Bohrgeschwindigkeit

verschiedenen Versuchsserien über dem Schneidendurchmesser d_B (mm) auf, so zeigt sich nach Abbildung 14 bis 18, daß sie sich mit guter Genauigkeit auf Geraden anordnen.

Die den verschiedenen Schneidendurchmessern zugeordneten Punkte der Bohrgeschwindigkeit v (cm/min) sind mit pfeilartigen senkrechten Ansätzen versehen, deren Länge den mathematisch ermittelten mittleren Fehler des im

Punkt liegenden Mittels aus mehreren Bohrversuchen darstellt. Die Diagramme beweisen, daß alle Bohrgeschwindigkeiten innerhalb ihrer natürlichen, durch Inhomogenität des Gesteins bedingten Streuung auf der betreffenden Geraden liegen.

Für Granit - 6 atü konnte eine Fehlerbetrachtung nicht angestellt werden, da diese Serie nur stichprobenartig durchgeführt wurde und die Zahl der verwertbaren Versuche zum Teil etwas zu gering ist.

Jeder einzelne bei den Versuchen erhaltene Bohrwert wurde nach der Formel

$$v = v_x \cdot \frac{d_x}{d}$$

auf das betreffende Einheitskaliber (28 - 32 - 36 - 42 mm ∅) umgerechnet. Da sich die bei den Bohrversuchen benutzten Schneidendurchmesser nur bis zu einigen Zehntel mm von dem jeweiligen Bezugskaliber unterschieden, beträgt der durch die Umrechnung entstehende Fehler maximal 0,1 cm/min, ist also unbedeutend. Nach der Formel

$$v = v_x \cdot \left(\frac{d_x}{d}\right)^2$$

hätte er dagegen in Extremfällen bis zu 0,7 cm/min betragen können.

Die gezeichneten Geraden selbst wurden mathematisch aus den bei 4 Diagrammpunkten gegebenen 6 Kombinationen der Form

$$y - y_1 = \frac{y_2 - y_1}{x_2 - x_1} (x - x_1)$$

ermittelt, indem aus den so erhaltenen 6 Gleichungen der Form

$$y = a \cdot x + b$$

die wahrscheinlichsten Werte für a und b bestimmt wurden. Es ergaben sich daraus die in Tabelle 6 zusammengefaßten mathematischen Ausdrücke für die in den verschiedenen Versuchsserien erhaltenen Geraden. In der vorletzten Spalte ist außerdem der mittlere Fehler der mathematisch bestimmten einzelnen Bohrgeschwindigkeitswerte und in der letzten Spalte der mittlere Fehler des Mittels angegeben.

T a b e l l e 6

Aus den Versuchen resultierende Bohrformel

Gestein	p (atü)	Formel	m(cm/min)	M(cm/min)
Tonschiefer	4,5	$v = - 12{,}76 . d_B + 77{,}2$	± 0,1	± 0,1
Kniest	4,5	$v = - 9{,}80 . d_B + 57{,}1$	± 0,2	± 0,1
Granit	4,5	$v = - 10{,}32 . d_B + 64{,}0$	± 0,3	± 0,2
Kniest	5,0	$v = - 9{,}22 . d_B + 57{,}1$	± 0,4	± 0,2
Granit	6,0	$v = - 18{,}00 . d_B + 102{,}4$	± 1,3	± 0,5

v = Bohrgeschwindigkeit in cm/min

d_B = Schneidendurchmesser in cm

m = mittl. Abweichung der Einzelwerte

M = mittl. Fehler des Mittels der Einzelwerte

In dem untersuchten Kaliberbereich ist die Bohrgeschwindigkeit also mit guter Annäherung geradlinig vom Schneidendurchmesser abhängig nach der Beziehung:

$$v = a \cdot d_B + b$$

In Abbildung 19 (s. S. 51) sind die erhaltenen Geraden in einem Diagramm zusammengefaßt. Wie auch aus den Formeln läßt sich daraus ersehen, daß sowohl der Steigungswinkel wie auch die Additionskonstante von Gestein und Preßluftdruck abhängig sind.

Betrachtet man dagegen die relativen Bohrwerte E, also das Verhältnis der Bohrgeschwindigkeiten bei verschiedenen Schneidendurchmessern

$$E = \frac{v_x}{v},$$

so zeigt sich, daß diese Werte bei allen Versuchsreihen in etwa die glei-

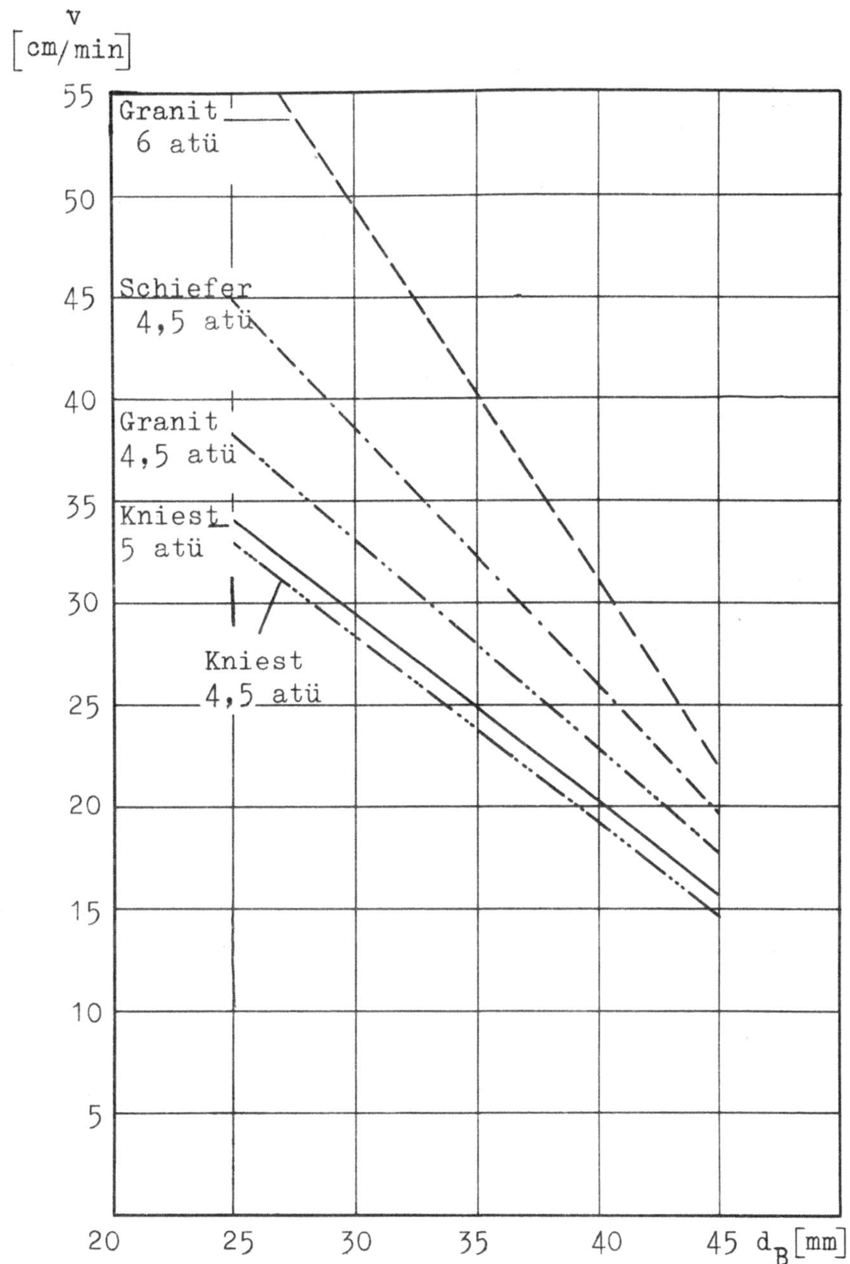

A b b i l d u n g 19

Beziehungen zwischen Schneidendurchmesser und Bohrgeschwindigkeit bei verschiedenen Gesteinen

chen sind. In Tabelle 7 (s.S. 52) sind die relativen Bohrwerte, bezogen auf die Bohrgeschwindigkeiten bei einem Schneidendurchmesser von 36 mm, zusammengestellt.

Die relativen Bohrwerte aller Versuchsserien weichen nur geringfügig von dem mittleren Bohrwert ab, die Versuchswerte naturgemäß (wegen der in ihnen liegenden Streuung) etwas stärker als die aus ihnen mathematisch

Tabelle 7

Relative Bohrwerte E der verschiedenen Versuchsreihen

Herkunft	Gestein	P'luftdruck (atü)	Schneidendurchmesser (mm) 28	32	36	42
Versuchswerte	Tonschiefer	4,5	1,34	1,17	1,00	0,75
	Kniest	4,5	1,36	1,16	1,00	0,73
	Granit	4,5	1,29	1,14	1,00	0,71
	Kniest	5,0	1,28	1,14	1,00	0,74
	Granit	6,0	1,43	1,20	1,00	0,76
	Mittel		1,34	1,16	1,00	0,74
nach Formel $v_x = a . d_x + b$	Tonschiefer	4,5	1,34	1,18	1,00	0,76
	Kniest	4,5	1,36	1,18	1,00	0,73
	Granit	4,5	1,31	1,16	1,00	0,77
	Kniest	5,0	1,31	1,16	1,00	0,77
	Granit	6,0	1,38	1,19	1,00	0,71
	Mittel		1,34	1,17	1,00	0,75

nach der Formel $v = a . d_x + b$ abgeleiteten Koeffizienten. Wie die untere Hälfte der Tabelle zeigt, lassen sich die Kurven der relativen Bohrwerte mit ausreichender Genauigkeit durch eine mittelnde Gerade ersetzen. Dieses Ergebnis ist von erheblicher praktischer Bedeutung für die Umrechnung der Bohrgeschwindigkeiten auf beliebige Schneidendurchmesser.

3. 43 Umrechnung der Bohrgeschwindigkeit auf beliebige Schneidendurchmesser

Wie die ermittelten Bohrformeln der Tabelle 6 zeigen, ändern sich in der allgemeinen Form der Gleichung

$$v = a . d_B + b$$

die Koeffizienten a und b mit Gesteinsart und Preßluftdruck. Außer diesen Faktoren sind sicher auch noch andere Einflußgrößen (Hammertyp usw.) für die Größe von a und b bestimmend. Eine Umrechnung der Bohrgeschwindigkeit auf andere Kaliber ist demnach nur möglich, wenn man mindestens 2 Werte, also die zutreffende Formel kennt.

Die auf Tabelle 7 begründete Feststellung, das die relativen Bohrwerte bei allen Versuchsreihen gut übereinstimmen, zeigt einen allgemein gültigen Weg der Umrechnung auf, nach dem es genügt, die mittlere Bohrgeschwindigkeit in einem bestimmten Betriebsfall für ein Kaliber zu kennen, um sie auf jedes beliebige andere Kaliber umzurechnen.

Unter Benutzung der mittleren relativen Bohrwerte aus Tabelle 7 (letzte Zeile) ergibt sich nach

$$y - y_1 = \frac{y_2 - y_1}{x_2 - x_1} (x - x_1) :$$

$$y = - 0{,}422\ x + 2{,}52$$

Es ist also:

$$E = \frac{v_x}{v_{3,6}} = 2{,}52 - 0{,}422 \cdot d_x$$

$$v_x = (2{,}52 - 0{,}422 \cdot d_x) \cdot v_{3,6}$$

Darin ist: E = relativer Bohrwert, bezogen auf

$v_{3,6}$ = Bohrgeschwindigkeit bei einem Schneidendurchmesser von 3,6 cm,

d_x = jeder beliebige Schneidendurchmesser (im Untersuchungsbereich)

v_x = die zu d_x gehörende Bohrgeschwindigkeit.

Nach diesen Gleichungen ist - in Verbindung mit relativen Bohrwerten, die auf andere Kaliber bezogen sind - die Konstruktion eines Nomogramms möglich, das die verschiedensten Schneidendurchmesser und Bohrgeschwindigkeiten umfaßt (Abb.20). Das Nomogramm ermöglicht, bei Kenntnis der mitleren Bohrgeschwindigkeit eines Bohrschneidendurchmessers, die bei gleichen Bedingungen (Gestein, Preßluftdruck, Hammertyp usw.) zu erwartende Bohrgeschwindigkeit jedes beliebigen anderen Bohrschneidendurchmessers in guter Annäherung direkt abzulesen.

Das Nomogramm wurde für Bohrgeschwindigkeiten mit Bohrhammer AZW 20 bei optimalen Vorschubkräften ermittelt. Eine Überprüfung anhand von prakti-

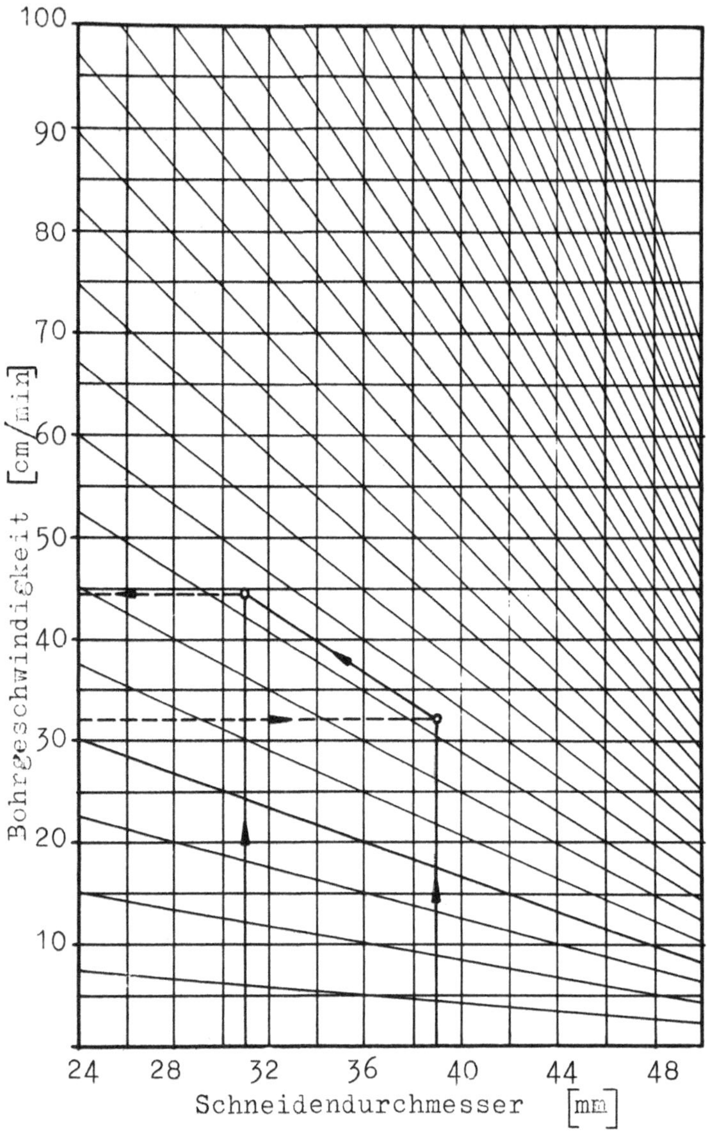

A b b i l d u n g 20

Nomogramm zur Umrechnung der Bohrgeschwindigkeit bei verschiedenen Schneidendurchmessern. (eingetragenes Beispiel: Bei einem Schneidendurchmesser von 39 mm wird eine mittl. Bohrgeschwindigkeit von 32 cm/min erreicht. Welche Bohrgeschwindigkeit ist bei 31 mm ⌀ zu erwarten? Ergebnis: 44,5 cm/min)

schen Betriebswerten (Druckluftstütze) ergab, daß es auch für diese, und zwar bei verschiedenen Hammertypen, gültig ist. Tabelle 8 gibt eine Gegenüberstellung von mittleren Betriebswerten, die in den Untersuchungsstrekken gestoppt wurden, und Nomogramm-Werten.

Die Betriebswerte sind in den meisten Fällen Mittelwerte aus mehreren gemessenen Bohrwerten. Sie wurden alle mit der Bohrstütze im Ortsvortrieb

T a b e l l e 8

Gegenüberstellung von Betriebs- und Nomogramm-Werten der Bohrgeschwindigkeit in Abhängigkeit vom Kaliber

Gestein Hammertyp			Tonschiefer AZW 20	Tonschiefer HB 60	Kniest AZW 20	Kniest HB 60
Schneidendurchmesser (mm)	29	a	-	27,4	-	-
		b	-	27,6	-	-
	30	a	-	-	-	20,8
		b	-	-	-	20,5
	31	a	32,6	26,0	-	-
		b	33,0	25,8	-	-
	32	a	-	-	-	18,9
		b	-	-	-	18,9
	33	a	30,4	24,0	24,1	17,6
		b	30,4	24,0	24,1	18,5
	36	a	26,2	-	21,1	-
		b	27,2	-	21,3	-
	42	a	-	-	15,8	-
		b	-	-	15,0	-

a = Betriebswerte der Bohrgeschwindigkeit

b = Nomogrammwerte der Bohrgeschwindigkeit

gebohrt, und zwar in etwa 1 m Höhe. Sie sind mit den betriebsüblichen Streuungen behaftet. Die Kaliber wurden auf 0,1 mm gemessen, für obenstehende Tabelle aber auf volle mm auf- bzw. abgerundet. Die Zusammenstellung beweist, daß das Nomogramm auch für praktische Zwecke brauchbar ist.

3. 44 Beziehungen zwischen Schneidendurchmesser und ausgebohrtem Volumen

Bei allen Versuchreihen mit Ausnahme der Serie Granit - 6 atü - wurde mit dem auf Seite 38 beschriebenen Bohrloch-Kalibermesser der Durchmesser aller Bohrlöcher bestimmt. Die Differenz zwischen Schneidendurchmesser und Lochdurchmesser betrug bei allen Versuchsreihen im Mittel 1,0 ...2,0 m

Für jedes Bohrloch wurde aus dem gemessenen und protokollierten mittleren Lochdurchmesser das ausgebohrte Volumen je Zeiteinheit bestimmt.

3. 441 Das Bohrlochprofil

Um die auf das Bohrlochprofil einwirkenden Tendenzen erkennen zu können, wurde im Tonschiefer darüber hinaus für jedes Bohrloch eine Spezialauswertung vorgenommen, deren Ergebnisse recht interessant sind (Tabelle 9).

T a b e l l e 9

Kennziffern des Bohrlochprofils (Tonschiefer)

d_B (Gruppe)	28	32	36	42
$d_L - d_B$ (im Mittel)	1,8	1,1	1,4	1,7
$d_{L_{max}} - d_{L_{min}}$ (maximal)	2,0 (~ 7%)	1,5 (~ 5%)	2,1 (~6%)	3,4 (~8%)

d_B = Schneidendurchmesser (mm)

d_L = Bohrlochdurchmesser (mm)

Die Tabelle zeigt:

Die Differenz zwischen Schneidendurchmesser und Bohrlochdurchmesser wächst mit zunehmendem Schneidendurchmesser. Die größte Differenz entstand jedoch bei einem Schneidenkaliber von 28 mm. In diesem Fall betrug der Bohrstangendurchmesser nur 19 mm gegen 22 mm bei den anderen Versuchsreihen, die Stange schwingt infolgedessen stärker.

Die Neigung der Bohrlöcher, von der idealen Kreisform abzuweichen, wird mit zunehmendem Schneidendurchmesser größer. Auch hier wirkt sich die dünnere Bohrstange im Sinne einer Erhöhung des Wertes aus.

3.442 Das in der Zeiteinheit ausgebohrte Volumen

Entsprechend den Bohrgeschwindigkeitswerten wurden die in der Zeiteinheit ausgebohrten Volumina über der Vorschubkraft aufgetragen. Die Ergebnisse zeigen die Abbildungen 21 - 24. Wie die Bohrgeschwindigkeit erreicht auch das spezifische Volumen bei der optimalen Vorschubkraft ihr Maximum.

Trägt man diese Maximalwerte über dem Schneidendurchmesser auf, so ergibt sich die wichtige Feststellung, daß die in der Minute ausgebohrte Bohrkleinmenge in starkem Maße vom Schneidendurchmesser abhängig ist (siehe Abb. 25 - 28). Die Voraussetzung der Volumengleichheit, die zu der bisher am häufigsten vertretenen Bohrformel

$$\frac{v}{v_x} = \left(\frac{d_x}{d}\right)^2$$ (Formel 1 der Tab. 1) (S. 9)

geführt hat, ist demnach unrichtig! Es gibt vielmehr für jeden Betriebsfall einen optimalen Schneidendurchmesser, bei dem das maximale Volumen je Zeiteinheit ausgebohrt wird. Diesen optimalen Schneidendurchmesser kann man aus der Bohrformel bestimmen, die für die gegebenen Bedingungen (Gestein, Bohrhammer, Preßluftdruck usw.) zutrifft. In ihrer allgemeinen Form lautet diese:

$$v = a \cdot d_B + b$$ (siehe Seite 49)

Bei Vernachlässigung der Differenz zwischen Schneiden- und Bohrlochdurchmesser ergibt sich das in der Zeiteinheit ausgebohrte Volumen V zu:

$$V = v \cdot \frac{\pi}{4} \cdot d_B^2$$

Ersetzt man darin v durch die Bohrformel, so erhält man

$$V = \frac{\pi}{4} \cdot d_B^2 \, (a \cdot d_B + b),$$

Die nach dieser Formel mathematisch errechneten Funktionen sind in die Diagramme der Abbildung 25 - 28 mit aufgenommen. Sie liegen etwa parallel unter der empirisch erhaltenen Volumenfunktion. Die Differenz zwischen beiden Kurven beinhaltet das Ringvolumen zwischen den Kreisen des Schneidendurchmessers und des mittleren Bohrlochdurchmessers. Ihre Maxima liegen bei dem gleichen Kaliber.

3. 443 Der optimale Schneidendurchmesser

Da die optimalen Schneidendurchmesser der empirischen und mathematischen Volumenfunktion sich entsprechen, kann man ihre Größe aus der letzteren durch Differenzieren gewinnen. Es ist dann

$$V' = \frac{\pi}{4} \left(3a \cdot d_B^2 + 2\,b \cdot d_B\right) = 0$$

$$\boxed{d_{B_{opt.}} = -\frac{2\,b}{3\,a}}$$

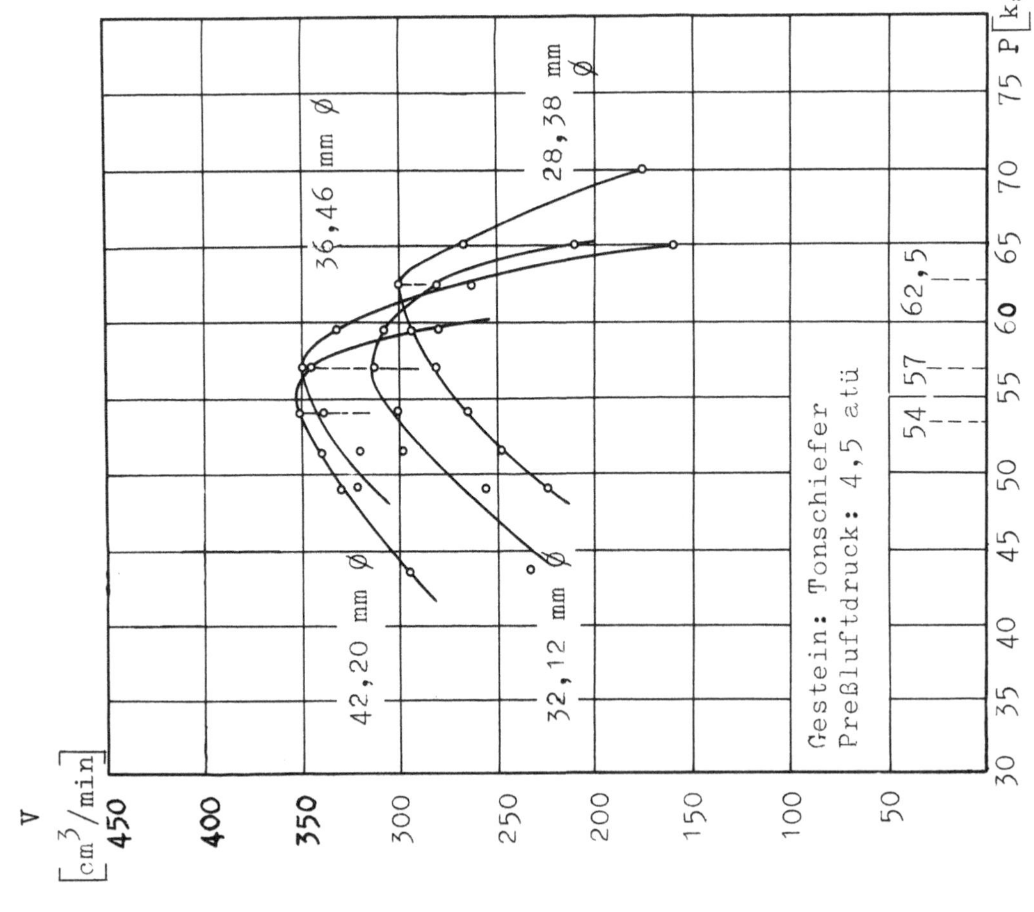

A b b i l d u n g 21

Beziehungen zwischen Vorschubkraft und dem in der Zeiteinheit ausgebohrten Volumen bei verschiedenen Schneidurchmessern

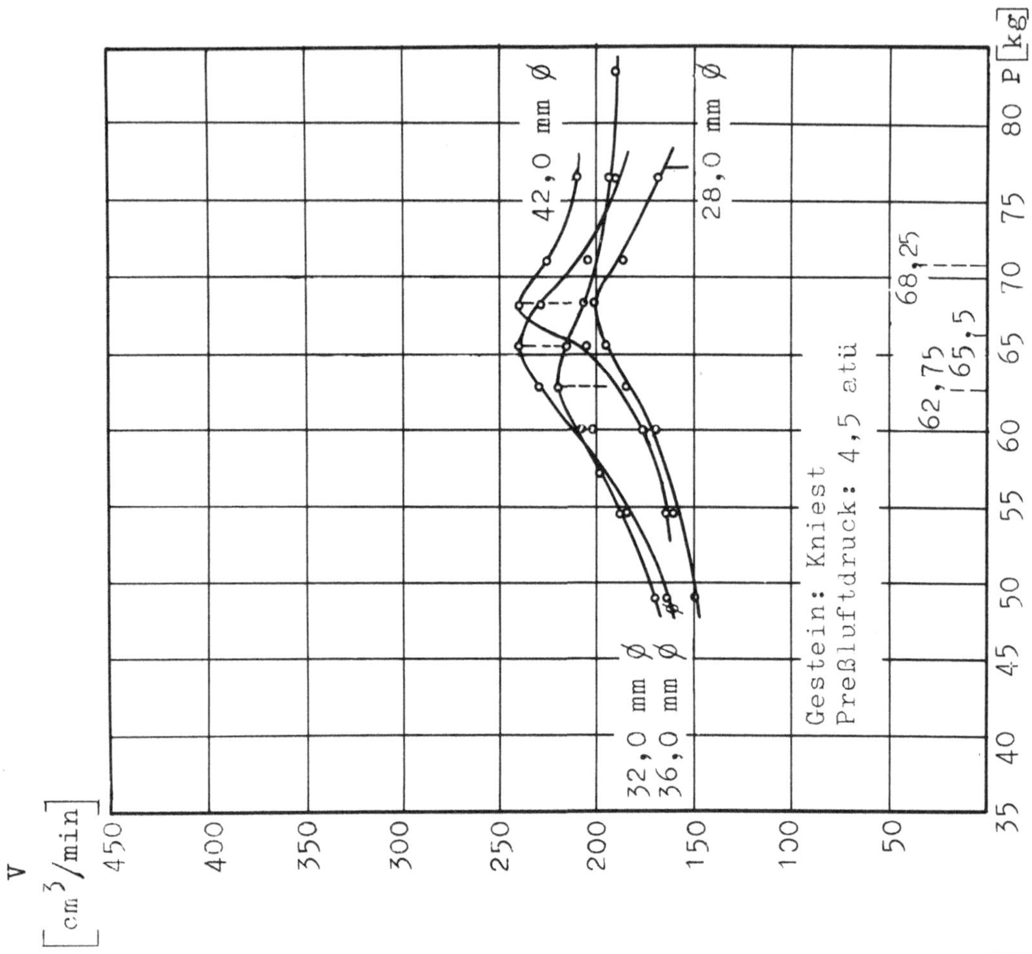

A b b i l d u n g 22

Beziehungen zwischen Vorschubkraft und dem in der Zeiteinheit ausgebohrten Volumen bei verschiedenen Schneidendurchmessern

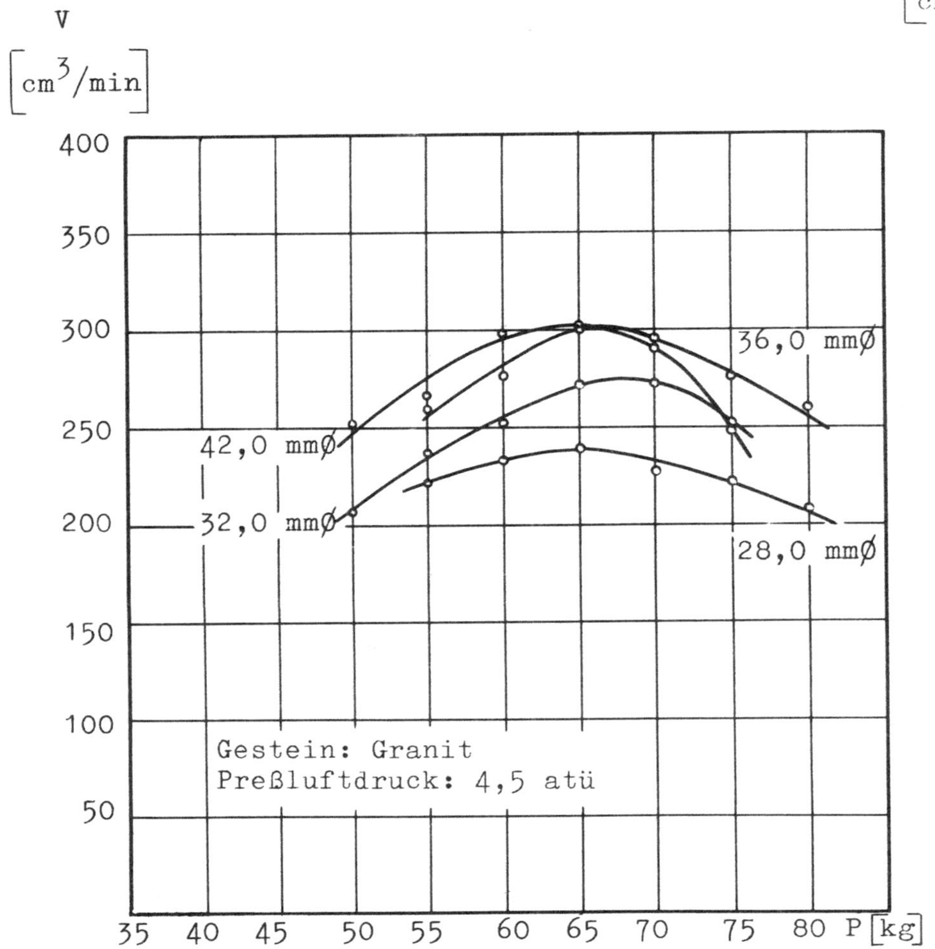

A b b i l u n g 23

Beziehungen zwischen Vorschubkraft und dem in der Zeiteinheit ausgebohrten Volumen bei verschiedenen Schneidendurchmessern

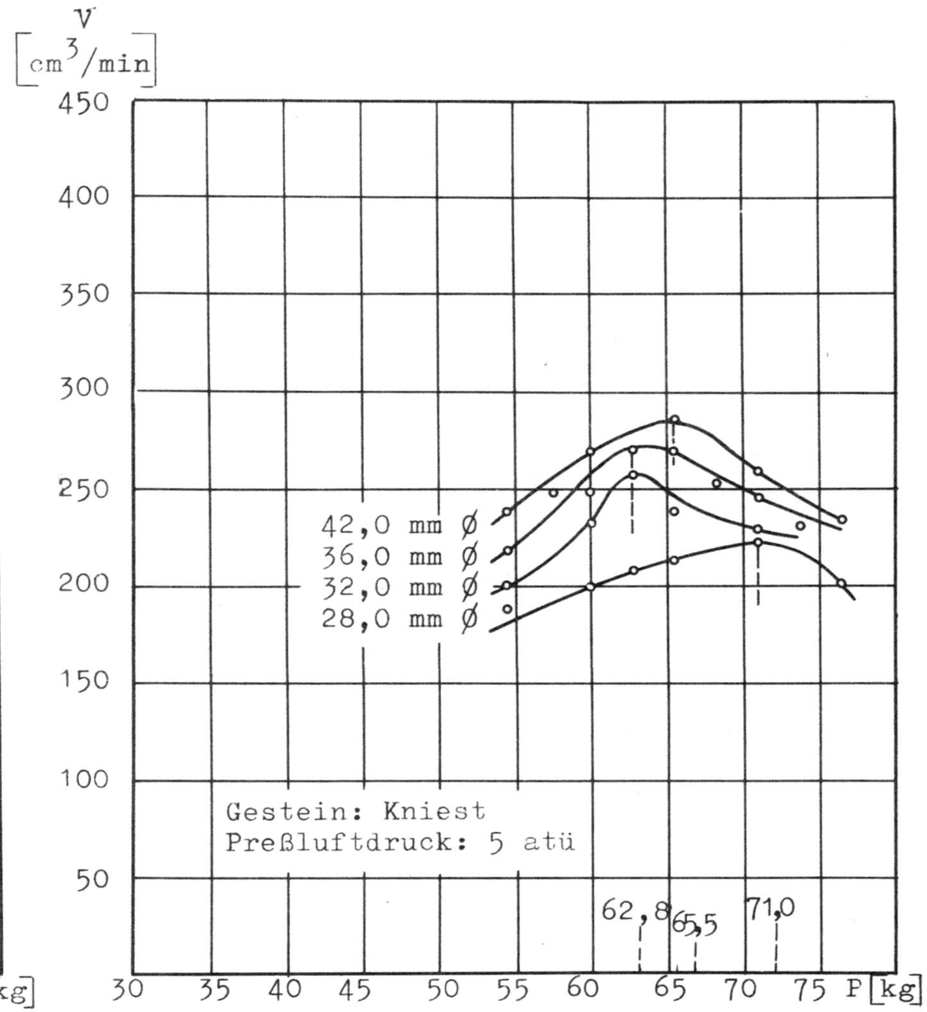

A b b i l d u n g 24

Beziehungen zwischen Vorschubkraft und dem in der Zeiteinheit ausgebohrten Volumen bei verschiedenen Schneidendurchmessern

Der Ausdruck erscheint negativ, da der Faktor a als Tangens des Steigungswinkels naturgemäß stets negativ ist.

Für die diskutierten Versuchsserien ergeben sich nach o. a. Formel die optimalen Schneidendurchmesser wie folgt:

Tonschiefer	(4,5 atü)	--	40,32	mm ∅
Kniest	(")	--	38,77	"
Granit	(")	--	41,35	"
Kniest	(5 atü)	--	41,29	"
Granit	(6 atü)	--	37,91	"

Eine Erklärung des optimalen Schneidendurchmessers ist mit Hilfe von Umsetzwinkel und Umsetzweite 7) sowie der Bohrkleinanalysen möglich. Zur Bestimmung des Umsetzwinkels bei verschiedenem Schneidendurchmesser wurden im Granitblock auf dem Versuchstand Clausthal, der die meßtechnischen Möglichkeiten dazu bietet, bei 4,5 und 6,0 atü Preßluftdruck Schlag- und Drehzahlmessungen durchgeführt. Die daraus berechneten Umsetzwinkel und Umsetzweiten sind in den Diagrammen Abbildung 27 und 29 aufgetragen. Sie zeigen, daß mit zunehmendem Schneidendurchmesser der Umsetzwinkel schwach, die Umsetzweite stark ansteigt.

Der optimale Schneidendurchmesser, bei dem die maximale Bohrkleinmenge je Zeiteinheit anfällt, ist durch bestimmte Werte des Umsetzwinkels und der Umsetzweite gekennzeichnet, die demnach Bestwerte für die betreffende Versuchsserie darstellen.

Auf die Bedeutung des optimalen Umsetzwinkels haben bereits COEUILLET [13], VOSS [94] sowie FAIRHURST und PROCTOR [18] hingewiesen. Danach erfolgt der Zerkleinerungsprozeß entweder zertrümmernd oder abscherend. Der Schlag hat eine zertrümmernde Wirkung, wenn die betroffenen Gesteinsteilchen nicht ausweichen können, sich also in vollkommen eingespanntem Zustand befinden. Das Ergebnis besteht entsprechend in feinster Zermahlung. In Bezug auf die losgelöste Gesteinsmenge wird ein besserer Wirkungsgrad beim Abspalten erreicht. Vorbedingung dafür sind günstig gelegene freie Flächen nach denen hin die Abscherung erfolgen kann. Wenn 2 aufeinanderfolgende

7. Umsetzweite = Bogenmaß des zwischen 2 aufeinanderfolgenden Schlagkerben liegenden Kreissegmentes, und zwar an der Schneidenperipherie (nicht an der Bohrlochwandung)

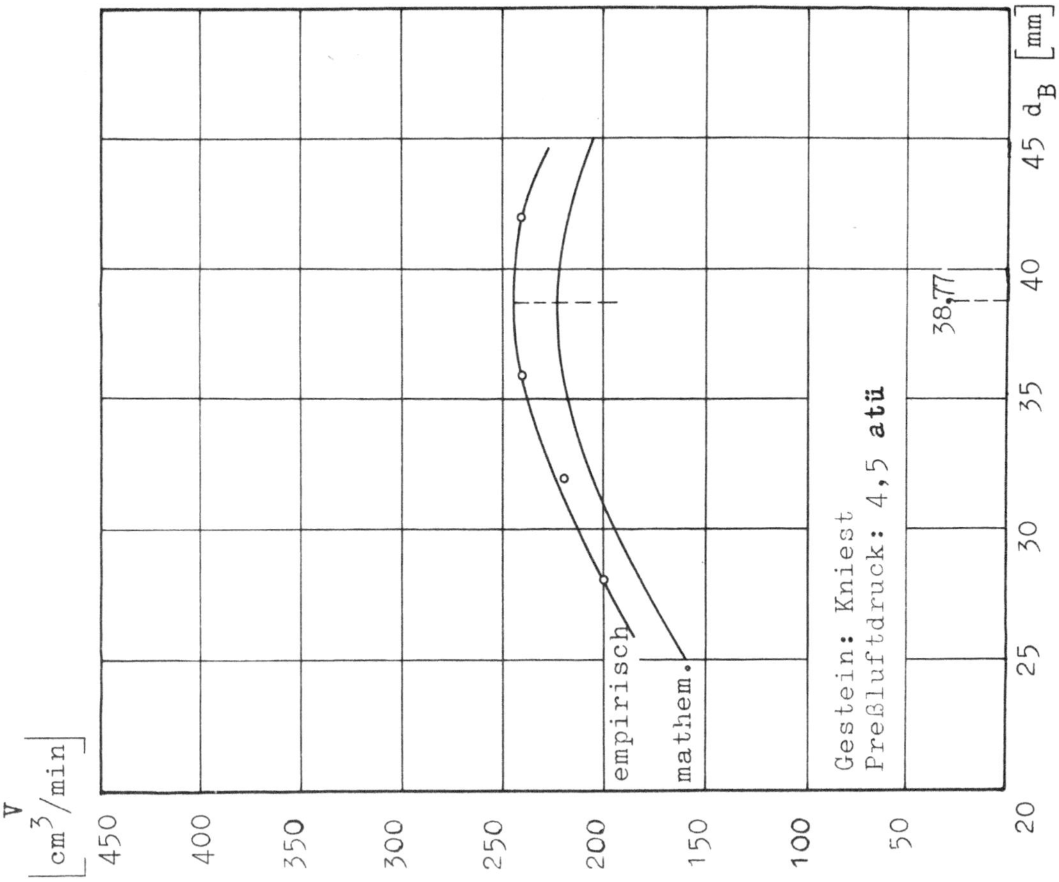

A b b i l d u n g 26

Beziehungen zwischen Schneidendurchmesser und dem in der Zeiteinheit ausgebohrten Volumen

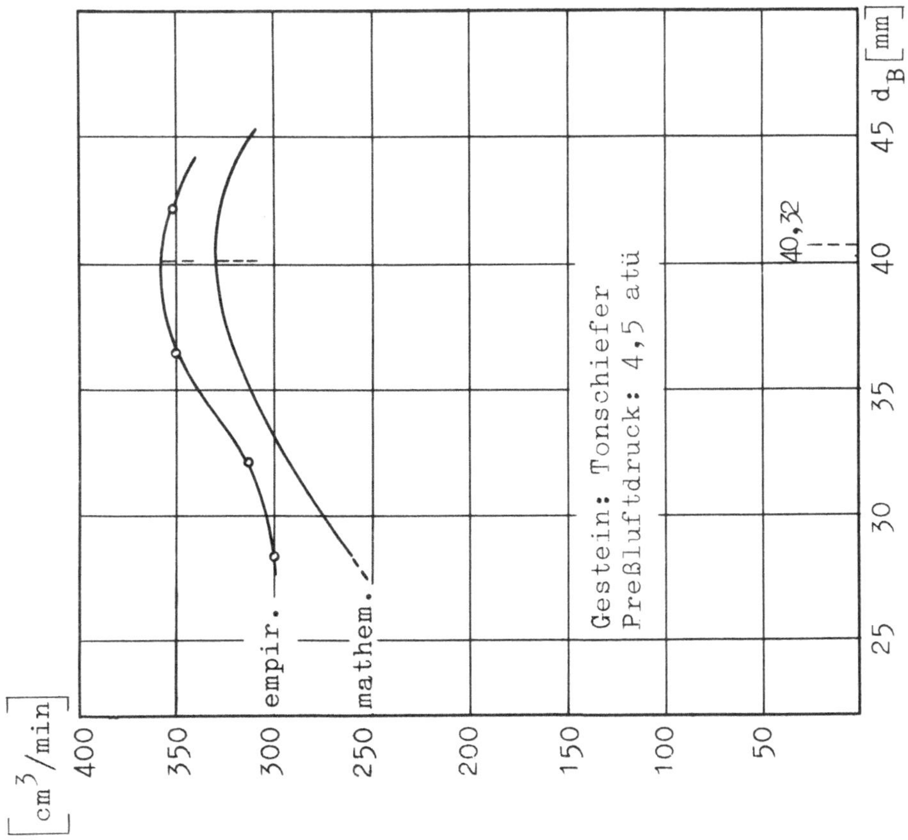

A b b i l d u n g 25

Beziehungen zwischen Schneidendurchmesser und dem in der Zeiteinheit ausgebohrten Volumen

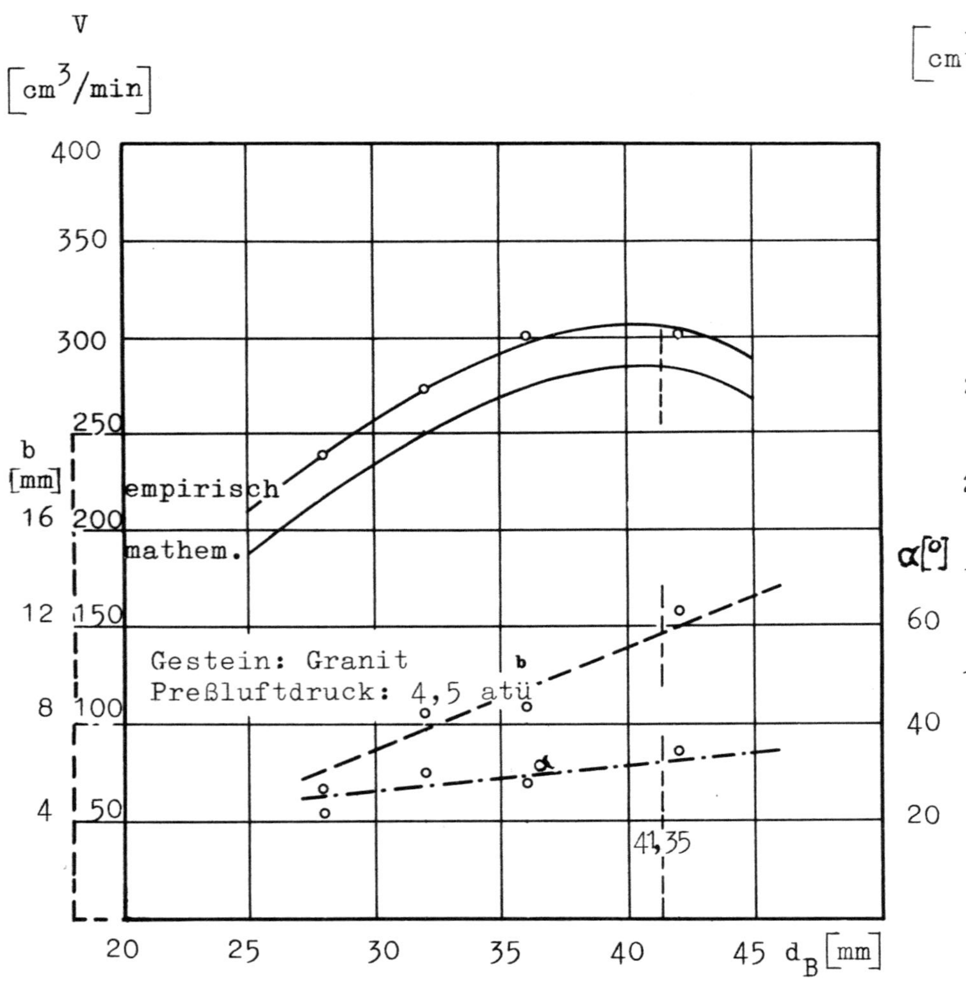

A b b i l d u n g 27

Beziehungen zwischen Schneidendurchmesser und:
a) in der Zeiteinheit ausgebohrtem Volumen (V)
b) Umsetzwinkel (α)
c) Umsetzweite (b)

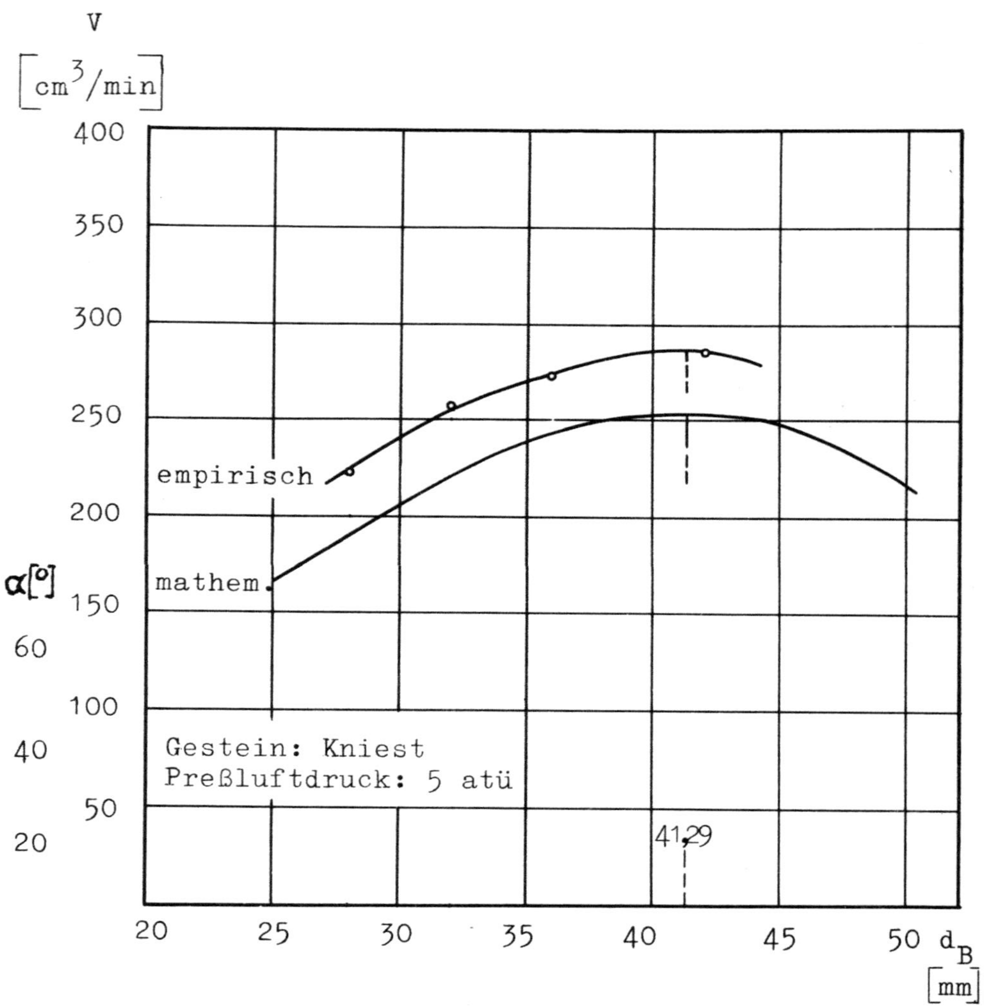

A b b i l d u n g 28

Beziehungen zwischen Schneidendurchmesser und dem in der Zeiteinheit ausgebohrten Volumen

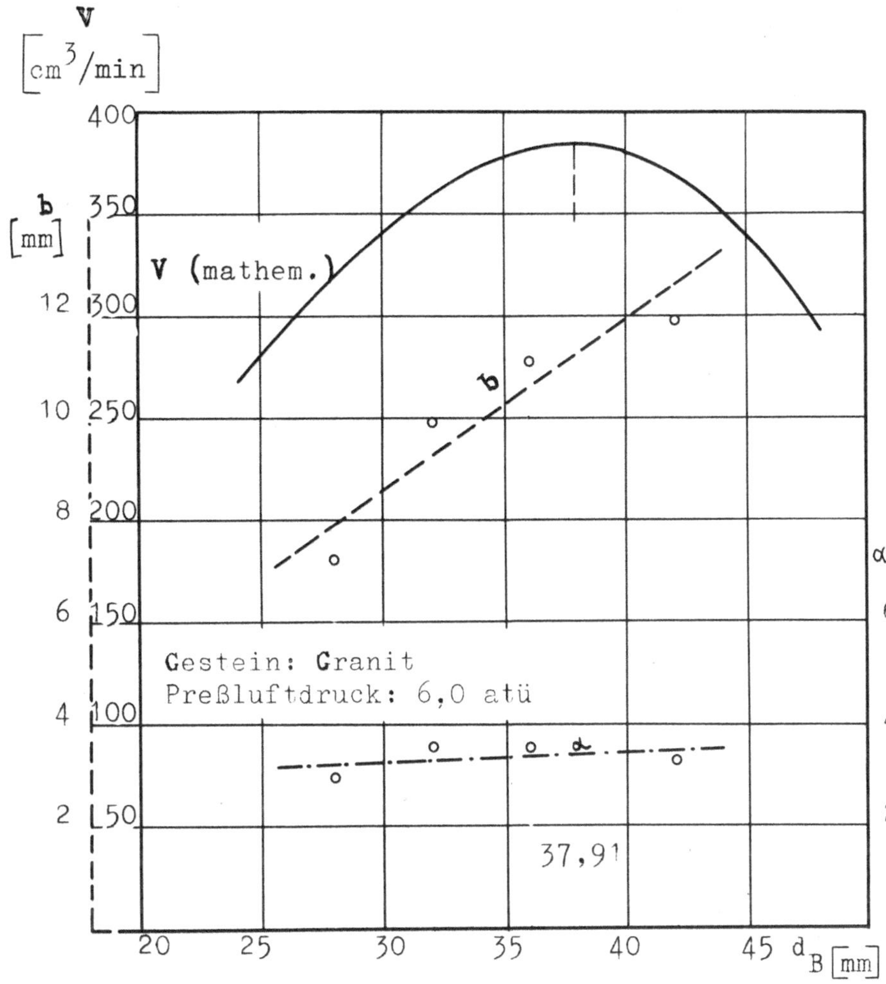

A b b i l d u n g 29

Beziehungen zwischen Schneidendurchmesser und:

a) in der Zeiteinheit ausgebohrtem Volumen (V)

b) Umsetzwinkel (α)

c) Umsetzweite (b)

Kerben so dicht aneinander liegen, daß die zur Verfügung stehende Schlagarbeit infolge fehlenden Gesteinsmaterials nicht voll ausgenutzt wird, so liegt ein unteroptimaler Umsetzwinkel vor. Liegen dagegen die 2 Kerben so weit auseinander, daß die Schlagarbeit nicht ausreicht, den Scherwiderstand zu überwinden, so ist der Umsetzwinkel überoptimal, die Zerkleinerung wird also nur durch Zertrümmerung bewirkt. Die höchste Volumen-Bohrleistung wird dann erreicht, wenn zwischen den Schlägen ein Maximum an Gestein abgeschert wird. In diesem Falle liegen die Optima von Umsetzwinkel und Umsetzweite vor.

In den beiden untersuchten Fällen sind dem Maximum des spezifisch ausgebohrten Volumens Umsetzwinkel, Umsetzweite und Schneidendurchmesser nach Tabelle 10 zugeordnet.

Tabelle 10

Optimale Zerkleinerungs-Kennziffern

Gestein Bohrhammer Preßluftdruck (atü)	Granit AZW 20 4,5	 6,0
opt. Umsetzwinkel α °	32	34
opt. Umsetzweite b (mm)	11,5	11,5
opt. Schneidendurchm. d_B (mm)	41,35	39,91

Überraschend ist dabei vor allem das Ergebnis, daß die optimale Umsetzweite bei beiden Preßluftdrücken gleich ist und nicht mit dem Druck ansteigt. Zur eindeutigen Klärung dieser Erscheinung müßten umfangreiche weitere experimentelle Untersuchungen angestellt werden. Bei dem knappen vorliegenden Untersuchungsmaterial können nur Tendenzen aufgezeigt werden, deren Allgemeingültigkeit in weiteren Versuchen erwiesen werden müßte. Der Grund für die Erscheinung der gleichen Umsetzweite ist vielleicht in folgenden Punkten zu suchen:

1) Umsetzwinkel, Umsetzweite und Schneidendurchmesser lassen sich nur zusammen deuten. Bei gleicher Umsetzweite ist die Verspannung und damit der Scherwiderstand des Segmentes bei kleinem Schneidendurchmesser größer als bei großem Durchmesser. D.h. im vorliegendem Falle, daß bei 6 atü wegen des kleineren Schneidenkalibers und größeren Umsetzwinkels zur Absplitterung eines Segmentes mit gleicher Umsetzweite eine größere Energie zur Verfügung stehen muß als bei 4,5 atü.

2) Die Größe der Vorschubkraft ist zweifellos für den Umsetzvorgang von erhebliche Bedeutung, da der Umsetzwiderstand mit zunehmender Vorschubkraft zunimmt. Bei der 4,5 atü-Serie beträgt die Vorschubkraft 65 kg, bei der 6 atü-Serie dagegen 80 kg.

3) Die gemessenen und angegebenen Größen des Umsetzwinkels und der Umsetzweite sind keineswegs für den Versuchsfall gültige Konstanten, son-

dern vielmehr statistische Mittelwerte. In Wirklichkeit dürften sie wechselweise alle möglichen über- und unteroptimalen Werte durchlaufen. Der statistische Optimalwert (lt. Tabelle 10) braucht nicht mit der Optimalbedingung des Einzelschlages zusammenfallen. So erhielt v. AUWERS bei Einzelschlag-Untersuchungen im Granit [8)] einen optimalen Umsetzwinkel von 60° und eine optimale Umsetzweite von 19 mm (bezogen auf einen Schneidendurchmesser von 36 mm).

Aus der Feststellung von Optimalwerten bezüglich Umsetzwinkel, Umsetzweite und Schneidendurchmesser sowie ihrer Deutung läßt sich folgern, daß im Punkt dieser Bestwerte auch das gröbste Bohrklein anfallen muß. Die Bohrkleinzusammensetzung wurde bei allen Versuchsserien (mit Ausnahme der 6-atü-Reihe im Granit) für verschiedene Schneidenkaliber bei optimaler Vorschubkraft ermittelt. Die Ergebnisse der Siebanalysen sind in den Kornverteilungsnetzen der Abbildungen 30 - 33 aufgetragen. Sie zeigen unmittelbar, daß die gröbste Kornzusammensetzung bei dem Schneidendurchmesser auftritt, der dem optimalen Schneidendurchmesser am nächsten liegt, und daß beim kleinsten Schneidenkaliber, das in allen Fällen die geringste Bohrkleinmenge je Zeiteinheit ergab, die Körnung am feinsten ist [9)].

3. 45 Beziehungen zwischen Schneidendurchmesser und Schneidenverschleiß

Der Kaliber- und Schneidkantenverschleiß wurde, wie auf Seite 37 beschrieben, mit großer Sorgfalt gemessen und protkolliert. Die gemittelten Erbegnisse sind in Abhängigkeit vom Schneidendurchmesser in den Diagrammen Abbildungen 34 und 35 dargestellt. Sie überraschen stark, war jedoch zu erwarten, daß der Verschleiß in μ/Bm (μ je Bohrmeter) mit zunehmendem Kaliber stark wächst, und zwar

a) wegen der längeren Bohrzeit je Meter Bohrloch,

b) wegen des längeren Schneidenweges (Kaliber) der größeren Bohrschneide.

---

8. v. AUWERS führte diese Untersuchungen auf dem Versuchsstand Clausthal der GFBS durch

9. Da die Körnungskennlinien der Exponentialfunktion von ROSIN - RAMMLER nicht gehorchen, wurde auf eine weitergehende Auswertung hinsichtlich der Oberfläche und Zerkleinerungsarbeit verzichtet. Sie ist im vorliegenden Falle auch nicht erforderlich

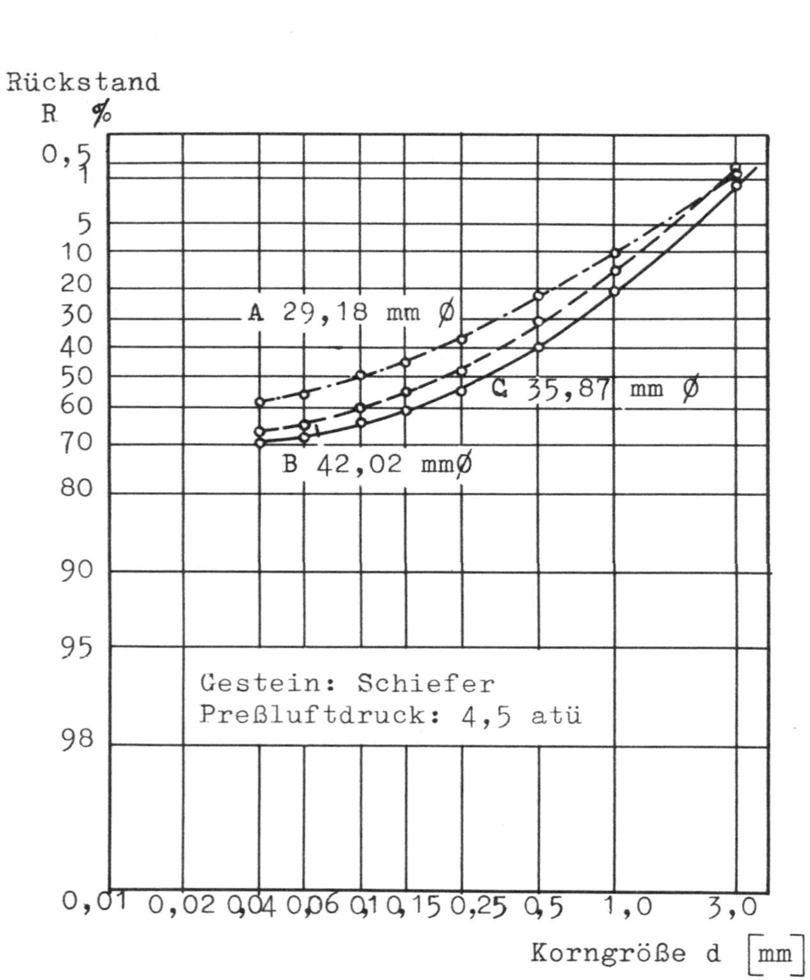

A b b i l d u n g 30

Korngrößenverteilung bei verschiedenen Schneidendurchmessern

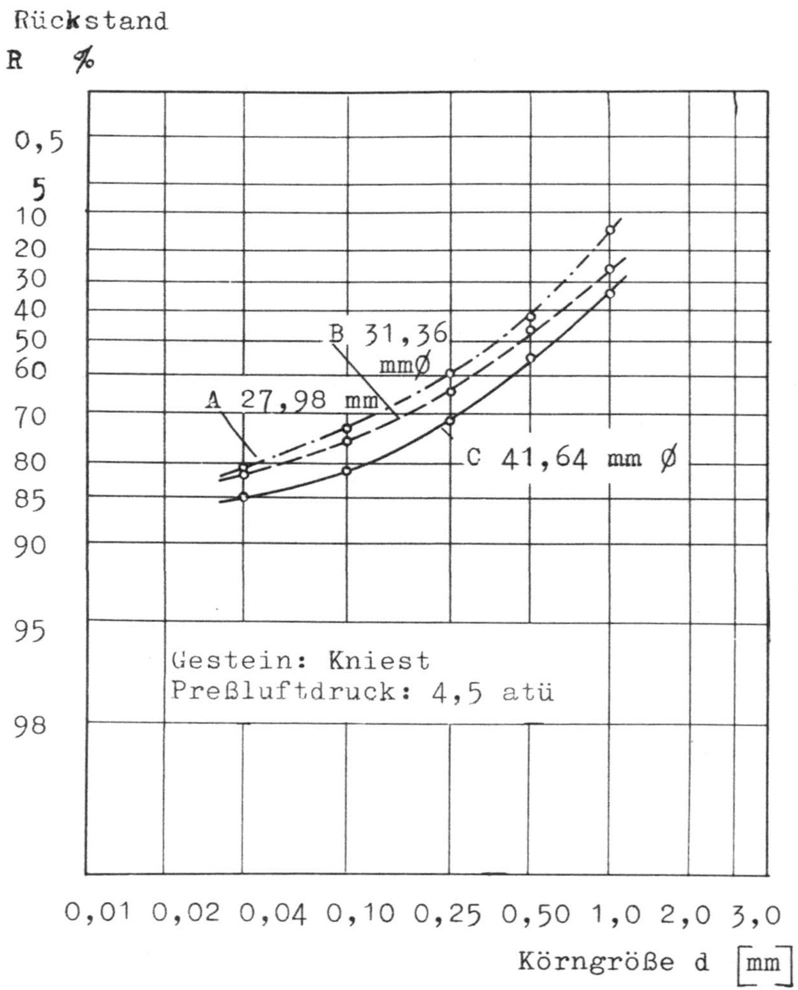

A b b i l d u n g 31

Korngrößenverteilung bei verschiedenen Schneidendurchmessern

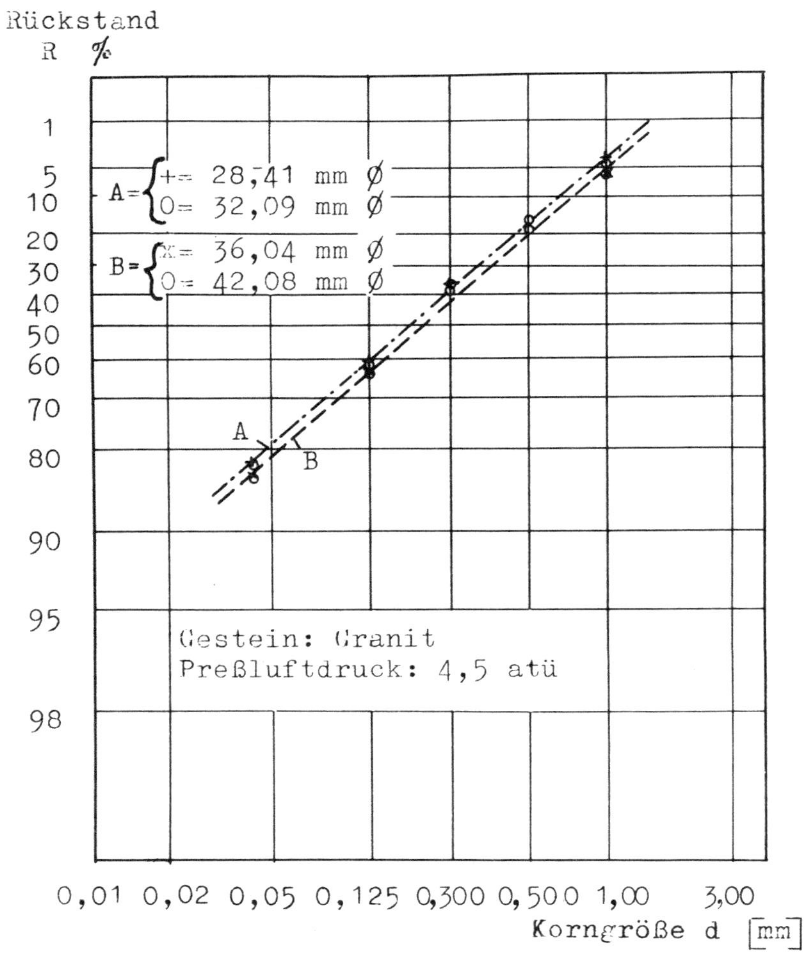

A b b i l d u n g 32

Korngrößenverteilung bei verschiedenen Schneidendurchmessern

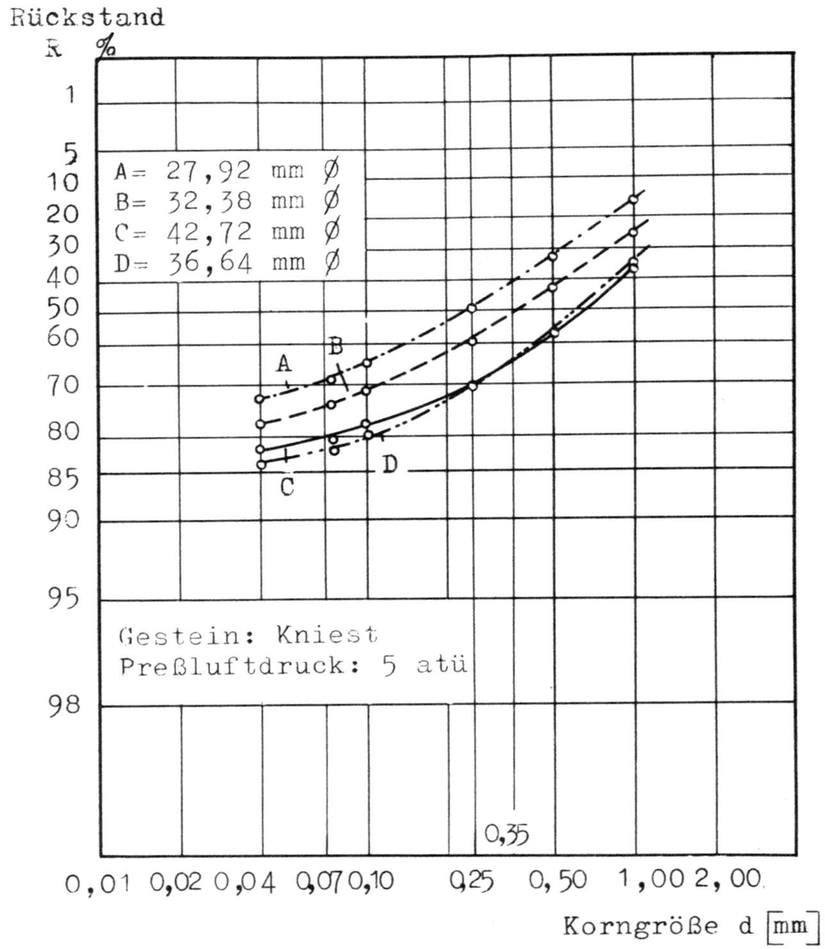

A b b i l d u n g 33

Korngrößenverteilung bei verschiedenen Schneidendurchmessern

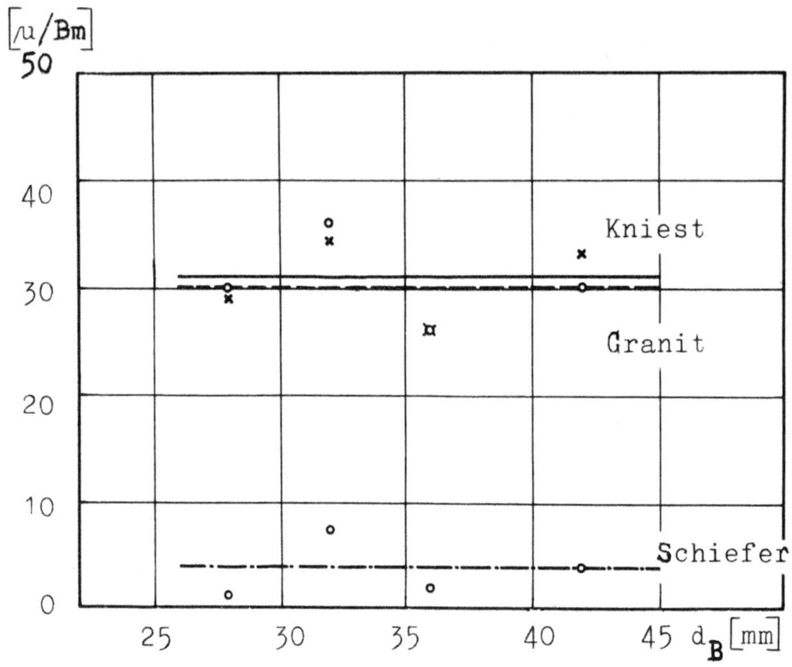

A b b i l d u n g 34

Kaliberverschleiß in verschiedenen Gesteinen bei 4,5 atü Preßluftdruck

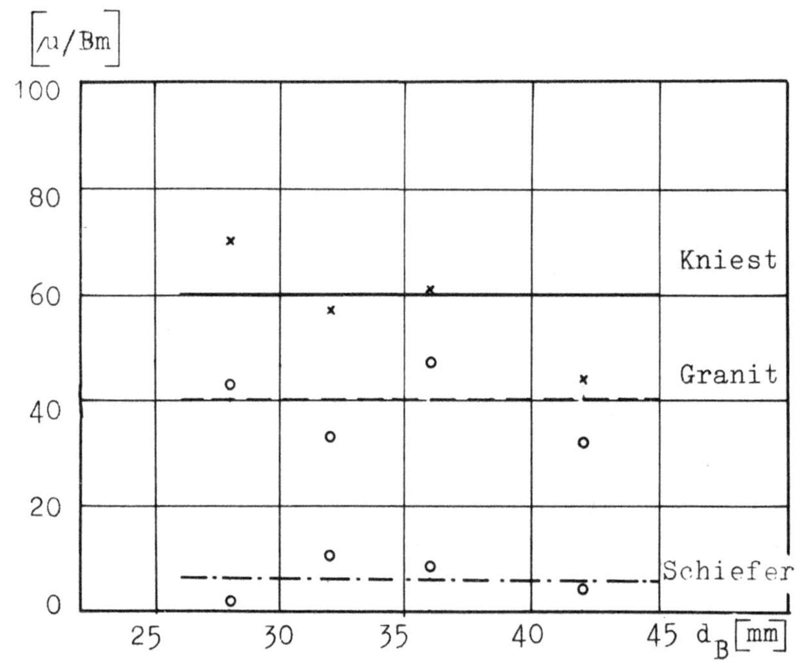

A b b i l d u n g 35

Höhenverschleiß in verschiedenen Gesteinen bei 4,5 atü Preßluftdruck

Dieser Zusammenhang zwischen Schneidendurchmesser und Verschleiß wird auch im Schrifttum allgemein vertreten [10].

Dagegen ergaben vorliegende Untersuchungen, daß der spezif. Verschleiß vom Schneidendurchmesser praktisch unabhängig ist. Die mittleren Verschleißwerte streuen mehr oder weniger stark um eine mittelnde waagerechte Gerade. Das gilt sowohl für den Kaliberverschleiß als auch für den Schneidkantenverschleiß.

Vergleicht man die beiden Diagramme genauer, so stellt man weiter fest, daß in jedem Gestein einem hohen Kaliberverschleiß in allen Fällen ein niedriger Schneidkantenverschleiß gegenübersteht und umgekehrt. Der Höhenverschleiß ist i.a. (Ausnahme Tonschiefer) höher als der Kaliberverschleiß. Die Differenz wird um so größer, je härter das Gestein ist.

Es soll hier nicht versucht werden, aus den Ergebnissen bezüglich der Abhängigkeit des Verschleißes vom Schneidendurchmesser Allgemeingültigkeit beanspruchende Schlußfolgerungen zu ziehen, und zwar aus folgenden Gründen:

Die Versuche wurden in erster Linie zur Klärung der Beziehungen zwischen Schneidendurchmesser und Bohrgeschwindigkeit durchgeführt. Um die Streuung der Bohrwerte möglichst gering zu halten, wurden die Bohrer schon bei relativ geringem Verschleiß nachgeschliffen (im Granit und Kniest jeweils nach etwa 4-6 Bm). Der Verschleiß je Bm ist unmittelbar nach dem Schliff erfahrungsgemäß am größten und fällt dann zunächst stark, dann allmählich schwächer werdend ab. Als Beweis sei angeführt, daß sich bei der Versuchsserie im Kniest (5 atü), wo die Bohrer nach jedem einzelnen Bohrmeter nachgeschliffen wurden, im Mittel der 2 1/2-fache Verschleiß der Serie bei 4,5 atü (Nachschliff nach jeweils 4 - 6 Bm) einstellte. Daraus ist zu schließen, daß der bei den hier beschriebenen Versuchen gemessene Verschleiß wegen der kurzen Einsatzlängen

a) durch Faktoren, die vom Nachschleifen herrühren, noch zu stark beeinflußt sein kann und
b) zu stark von den Bedingungen der Praxis abweicht.

Es kommt weiter hinzu, daß nach Feststellungen von WAHL [11] Hartmetalle des gleichen Herstellers und gleicher Gütebezeichnung unterschied-

10. siehe Seite 13 und 15
11. unveröffentlichte Untersuchungsberichte

liche Verschleißhärten (Streuungen um 20 %) aufweisen und selbst die gleiche Hartmetallprobe mit zunehmendem Verschleiß völlig unterschiedliche Verschleißeigenschaften besitzen kann.

Zur endgültigen Klärung der Beziehungen zwischen Schneidenkaliber und Verschleiß scheinen demnach Spezialuntersuchungen notwendig zu sein.

Die Feststellung, daß der Verschleiß kaliberunabhängig ist, wurde bei den beschriebenen Untersuchungen nicht zum erstenmal gemacht. Im folgenden Kapitel werden entsprechende Ergebnisse anderer Autoren aufgeführt.

3. 46 Kritischer Vergleich der Ergebnisse mit den bisherigen Anschauungen

Das Ergebnis vorstehend beschriebener Untersuchungen besteht bezüglich der Bohrgeschwindigkeit darin,

a) daß sie nach der Beziehung

$$v = a \cdot d_B + b$$

vom Schneidendurchmesser d_B geradlinig abhängt, wobei a und b je nach Bohrbedingungen (Gestein, Bohrhammertyp, Preßluftdruck usw.) verschiedene Werte annehmen,

b) daß die relativen Bohrwerte E sich unabhängig von den Bohrbedingungen mit geringer Streuung um eine mittelnde Gerade anordnen, die für d_B = 3,6 cm die Form hat:

$$E = \frac{v_x}{v_{3,6}} = 2{,}52 - 0{,}422 \cdot d_x$$

woraus sich für die Bohrgeschwindigkeit bei einem beliebigen Kaliber ergibt:

$$v_x = v_{3,6} \; (2{,}52 - 0{,}422 \cdot d_x).$$

Es sei hier ausdrücklich darauf hingewiesen, daß die aus diesen Gleichungen resultierenden Geraden nur in dem angegebenen, untersuchten und praktisch allein interessanten Kaliberbereich gelten und eine Extrapolation, die weit über diese Grenzen hinausgeht, aus theoretischen Gründen nicht statthaft ist. Theoretisch kann eine Beziehung zwischen Schneidendurchmesser und Bohrgeschwindigkeit die Achsen des Koordinatennetzes nicht schneiden. Praktisch dagegen ist es so, daß man mit einem gegebenem Hammer einen gewissen Schneidendurchmesser nicht unterschreiten (wegen Diskrepanz Schlagkraft - Bohrstahlquerschnitt), einen anderen nicht überschreiten kann (wegen uninteressant niedriger Bohrgeschwindigkeit). In diesem Sinne gelten die angegebenen Beziehungen und das Nomogramm der Abbildung 20 (s. S. 54) nur in dem angegebenen Bereich und nur für leichte und mittelschwere Bohrhämmer.

In Tabelle 1 wurden 6 verschiedene,im Schrifttum enthaltene Bohrformeln zusammengefaßt. Formel 7 ist aus gegebenen Kurven abgeleitet. Sie entspricht dem auch in vorliegenden Untersuchungen gefundenen Zusammenhang.

Ein Vergleich der verschiedenen Funktionen ist am besten über die aus ihnen errechneten relativen Bohrwerte möglich. Diese sind in Tabelle 11 zusammengestellt. Formel 5 und 6 konnten darin nicht berücksichtigt werden, da sie nicht allgemeingültig sind. Alle Werte für E wurden auf die bei einem Schneidendurchmesser von 36 mm [12)] zu erwartende Bohrgeschwindigkeit abgestellt. Bei 36 mm ∅ ist E also immer gleich 1,0. Soweit nicht in dieser Form angegeben, wurden die Formeln nach E umgeformt und für d einheitlich 3,6 eingesetzt.

Nach der Tabelle weicht Formel 1 am stärksten von einer sonst vorhandenen Ähnlichkeit der Ergebnisse ab. Gerade für diese Formel waren im Schriftum keine umfassenden Versuchsergebnisse zu finden. Die Voraussetzung dieser umgekehrt quadratischen Abhängigkeit ist die Gleichheit der in der Zeiteinheit ausgebohrten Volumen. Die in vorliegender Arbeit dargestellten Versuchsergebnisse zeigen einmal mehr, daß diese Voraussetzung nicht richtig sein kann, wie das vorher auch schon die Verfasser der Formeln 2 bis 6 erkannt haben.

Die nach den Formeln 2 bis 4 errechneten relativen Bohrwerte weichen in geringerem Maße von den eigenen Ergebnissen ab. Die Differenzen mögen z. T. auf unterschiedliche Versuchsbedingungen zurückzuführen sein. So gibt beispielsweise kein einziger der zitierten Autoren an, daß er die Bohrgeschwindigkeit bei optimaler Vorschubkraft bestimmt habe. FRAENKEL [25] - Formel 3 - sowie KLUBNITSCHKIN und RIWKIN [43] - Formel 2 - erwähnen als

12. In den Formeln selbst ist der Schneidendurchmesser stets in cm einzusetzen, da auch die Bohrgeschwindigkeit in cm/min angegeben wird

Tabelle 11

Relative Bohrwerte nach verschiedenen Formeln

(bezogen auf d = 3,6 cm)

Nr.	Bohrformel Ausdruck für E	Schneidendurchm. (mm) 28	32	36	42
1	$\frac{v_x}{v_{3,6}} = E = (\frac{3,6}{d_x})^2$	1,65	1,26	1,00	0,73
2	$E = \frac{3,6}{d_x}$	1,28	1,12	1,00	0,86
3	$E = (\frac{3,6 + 3,0}{d_x + 3,0})^{2,3}$	1,35	1,16	1,00	0,82
4	$E = 0,25+\frac{3,6}{d_x}(0,64+0,11 \cdot \frac{3,6}{d_x})$	1,25	1,10	1,00	0,88
eigenes Ergebnis	$E = 2,52 - 0,422 \cdot d_x$	1,34	1,17	1,00	0,75

Versuchsbedingung ausdrücklich konstante Vorschubkraft.

Am nächsten kommen den Ergebnissen der vorliegenden Arbeit die nach der Formel von FRAENKEL [25] bestimmten relativen Bohrwerte. Die Differenzen über die 4 angegebenen Kaliber betragen im Mittel nur 2,7 % und liegen bei den Schneidendurchmessern $\lessgtr$36 mm sogar unter 1 %. Die nach FRAENKEL bestimmten Bohrgeschwindigkeiten würden also fast genau denen des Nomogramms (Abb. 20) entsprechen.

Ausführliche Versuchsergebnisse konnten in der Literatur nur bei KOSCHULKO [45] sowie KLUBNITSCHKIN und RIWKIN gefunden werden. Die letzteren beweisen an den von KOSCHULKO angegebenen Werten, daß die einfache umgekehrte Proportionalität (Formel 2 der Tabelle 1) genauer zutrifft als die von ihm selbst angegebene Formel 4. Abgesehen davon, daß dies nur bedingt zutrifft, da sie sich in einigen Fällen zu ihren Gunsten verrechnet haben, läßt sich nachweisen, daß sich in dem hier betrachteten Bereich (bis zu

50 mm Ø aufsteigend) die erbohrten Ergebnisse mit noch größerer Genauigkeit durch eine Gerade verbinden lassen. Die absolute Summe der Abweichungen von der mittelnden Geraden beträgt bei den Kalibern 30 bis 50 mm nur 4,5 %, von den Funktionen nach Formel 2 dagegen 10,8 %, nach Formel 4 sogar 11,7 %. Allerdings hat diese Gerade eine geringere Steigung als die nach der hier angegebenen Formel.

Im ersten Teil der Arbeit wurde schon erwähnt, daß die Arbeiten von JAHN [35] , LIMPER [55] und ZEPPERNICK [105] geradlinige Beziehungen zwischen Schneidenkaliber und Bohrgeschwindigkeit enthalten. Die von ZEPPERNICK im Sandstein (85 - 95° Shore) erhaltenen Ergebnisse entsprechen genau der in der letzten Zeile der Tabelle 11 angegebenen Beziehung. Die von JAHN angegebenen Geraden verlaufen steiler. Die Ergebnisse von LIMPER liegen zwischen beiden.

Einen bemerkenswerten Beweis für die Allgemeingültigkeit der auf Seite 53 angegebenen Formel für den relativen Bohrwert E und damit für das Nomogramm Abbildung 20 liefert HERZBRUCH [33] . Dieser hat Kaliberversuche auf 6 verschiedenen Erzgruben (Harz, Siegerland, Lahn-Dill) durchgeführt bzw. ausgewertet. Aus sämtlichen Ergebnissen bildete er Durchschnittswerte für die verschiedenen Kaliber, indem er die Bohrgeschwindigkeit bei 39 mm Ø = 100 % setzte. In nachfolgender Tabelle 12 sind seine Ergebnisse verzeichnet und nach Umrechnung auf Bezugskaliber 36 mm Ø mit den Werten der hier abgeleiteten mittleren Geraden verglichen.

T a b e l l e 12

Vergleich statistischer Bohrwerte nach HERZBRUCH (33) mit der mittleren E-Geraden nach HAHN

	Schneidendurchmesser (mm)				
	30	33	36	39	42
HERZBRUCH $E_{39\ mm}$ Ø	1,36	1,35	1,19	1,00	0,83.5
HERZBRUCH $E_{36\ mm}$ Ø	1,14	1,13	1,00	0,84	0,70
HAHN $E_{36\ mm}$ Ø	1,26	1,13	1,00	0,88	0,75

Die Bohrgeschwindigkeit bei 30 mm Ø fällt nach HERZBRUCH aus dem Rahmen, vermutlich weil der benutzte 7/8 "-Bohrstahl für dieses Kaliber zu dick ist. Ansonsten ist die Übereinstimmung verblüffend gut, wenn man berücksichtigt, daß die Werte von HERZBRUCH ein Konglomerat der verschiedensten Gruben, Gesteine, Preßluftdrücke, Bohrhämmer, Schneidenformen usw. umfassen.

Der auf dieselbe Weise ermittelte Verschleiß erbrachte ebenfalls ein Ergebnis, welches die Messungen vorliegender Arbeit bestätigt. Eine weitere Bestätigung findet sich bei HACKENSCHMIDT [28] . In Tabelle 13 sind die verschiedenen Ergebnisse zusammengestellt.

Die Höhe des Kaliberverschleißes ist bei allen aufgeführten Untersuchungsergebnissen kaliberunabhängig.

Tabelle 13

Kaliberverschleiß in Abhängigkeit vom Schneidendurchmesser (nach verschiedenen Untersuchungen)

Quelle	Dimension	Schneidendurchmesser (mm)								
		28	30	32	33	34	36	38	39	42
HAHN										
Tonschiefer (4,5 atü)	µ/Bm	1,2		7,1			1,9			3,6
Kniest (4,5 atü)	µ/Bm	29		34			26			33
Granit (4,5 atü)	µ/Bm	30		37			26			30
Granit (6 atü)	µ/Bm	19		27			26			31
HACKENSCHMIDT [28]	µ/Bm		16	14		14	9	13		
HERZBRUCH [33]	%		88		107		107		100	84

4. Schießversuche zur Klärung der Beziehungen zwischen Patronendurchmesser und Schießerfolg

4.1 Grundsätzliches zur Versuchsmethode

Wie schon aufgeführt wurde, sollten in schießtechnischen Vorversuchen die Beziehungen zwischen Patronendurchmesser und Schießerfolg geklärt werden. Zu diesem Zweck galt es zunächst eine geeignete Versuchsmethode zu suchen bezw. zu entwickeln. Von dieser mußte gefordert werden:

1) die Möglichkeit der Isolierung einzelner Einflußgrößen,
2) die getrennte Variierbarkeit dieser Faktoren unter Konstanthaltung möglichst aller übrigen Einflüsse,
3) Klärung der funktionellen Zusammenhänge, die zwischen den Einflußgrössen und dem Schießergebnis bestehen,
4) die Reproduzierbarkeit und dadurch gegebene Sicherung der Ergebnisse,
5) die Vergleichbarkeit der Ergebnisse verschiedener Versuchsreihen.

Diese für wissenschaftliche Versuche selbstverständlichen Forderungen erwiesen sich bei Durchführung der Schießversuche zunächst als kaum realisierbar. Die aus der Literatur bekannten Schießversuchsmethoden genügten ihnen zumindest in dem anstehenden Gestein des Versuchsortes nicht. Nach vergeblichen Versuchen mit Einzelschüssen wurde deshalb eine besondere Mehrschußanordnung entwickelt, die brauchbare Ergebnisse zeitigte.

4. 2 Versuche mit Einzelschüssen

Das erstrebte Maß für die Sprengwirkung einer Schußbedingung sollte zunächst in der maximalen Vorgabe eines Einzelschusses gefunden werden [13]. Dazu wurde der Stoß von einer vorhandenen Weitung ausgehend entlang einer Strecke abgeklappt. Etwa in mittlerer Höhe des etwa 2 m hohen Stoßes wurde das Versuchsloch parallel zur freien Fläche gebohrt. Der Vorgabenwiderstand wurde genau gemessen und unter Konstanthaltung aller sonstigen Bedingungen von Schuß zu Schuß vergrößert, bis schließlich bei einem Versuch die Vorgabe nicht mehr geworfen wurde.

Vor jedem Schuß wurde das Versuchsort skizziert und ausgemessen. Der Stoß sollte jeweils so stehen, daß der dem Schuß zugemessene Vorgabenwiderstand

13. Diese Methode benutzt z.B. FRAENKEL [24, 25] zur Festlegung der Sprengbarkeit des Gesteins, worauf er sein System der Ladungsberechnung aufbau

über die Bohrlochlänge gleich war. Nach kurzer Einarbeitung wurde erreicht, daß der Vorgabewiderstand über die ganze Schußlänge maximal um ± 5 cm um den Mittelwert schwankte. Um einen möglichst gleichmäßigen Lochdurchmesser zu erreichen, wurden die Versuchslöcher jeweils mit einem Bohrer (also nicht in Sätzen) abgebohrt.

Die Versuchs-Bohrlöcher erhielten eine Tiefe von 1,80 m. Der Stoß wurde nach Möglichkeit auf 2,30 m und mehr gestellt, um zu gewährleisten, daß der Schuß auch noch im Bohrlochtiefsten gegen die seitliche freie Fläche wirken kann. Die Löcher wurden gründlich ausgeblasen, anschließend geladen und besetzt. Die Schlagpatrone wurde als vorletzte eingebracht, Sprengkapselboden zum Bohrlochtiefsten zeigend, die Zündung erfolgte elektrisch.

Die Versuchsergebnisse, auf die im einzelnen nicht eingegangen werden soll, zeigten, daß die Methode den an sie gestellten Anforderungen nicht genügte. Insbesondere erwies sich die geworfene Grenzvorgabe bei gleichen Schußbedingungen als nicht reproduzierbar. So kam es beispielsweise vor, daß ein Schuß eine mittlere Vorgabe von 82 cm über die ganze Lochlänge stehen ließ, 91 cm aber glatt (mit nur 2o cm Lochpfeife) warf. Die Lochpfeifenlängen streuten in erheblichem Maße, und zwar völlig regellos. Es konnte aber beobachtet werden, daß am Stoß kaum sichtbare Unstetigkeitsflächen, den Schuß in der Schnittebene mit dem Bohrloch abreißen ließen. Da die durch das Gestein bewirkten Streuungen sich als größer erwiesen als die durch den Patronendurchmesser bewirkten Differenzierungen, bot sich nach dieser Einzelschußmethode keine Möglichkeit, die Ergebnisse zu vergleichen und sinnvoll auszuwerten.

Als weiterer Nachteil ist die umständliche und langwierige Art dieser Versuchsdurchführung zu vermerken: Nach jedem einzelnen Versuchsschuß mußte der Stoß mit 8 - 10 Nachschüssen wieder begradigt werden.

4. 3 Versuche in Mehrschußanordnung

4. 31 Probleme und Möglichkeiten

Durch eine Mehrschußanordnung, bei der zunächst 4 Bohrlöcher in gleichem Abstand senkrecht übereinander hergestellt wurden, sollten vorliegende Gesteinsunregelmäßigkeiten, die die Wirkung des Einzelschusses mildern oder verstärken, ausgeglichen werden. Als Nachteil war dabei in Kauf zu nehmen, daß zu der Vielzahl von Einflußfaktoren noch zwei weitere hinzutraten, nämlich die zeitliche und räumliche Zuordnung der Schüsse in einem, wenn auch einfachen Schießschema.

Der Zeitfaktor wurde durch Verwendung von Momentzündern ausgeschaltet. Der räumliche Abstand der Schußbohrlöcher ist von erheblichem Einfluß auf das Schießergebnis, insbesondere auf den spezifischen Sprengstoffverbrauch in g/fm^3. Dieser ist naturgemäß am geringsten, wenn der Abstand so groß wird, daß jeder Schuß wie ein Einzelschuß wirkt. Bei geringerem Abstand ergeben sich Überschneidungen der Wirkungszonen und damit ein höherer Sprengstoffaufwand.

Im praktischen Schießbetrieb ist der größte Abstand zwischen 2 Löchern optimal, bei dem die Gesteinsrippe zwischen ihnen noch mit hereinbricht. Er ist naturgemäß stark vom Gestein, insbesondere der Schichtung abhängig. Nach FRAENKEL [25] beträgt er bei kleinen Verzögerungsintervallen im Mittel das 1,5-fache der Vorgabe, er empfiehlt das 1,3 ... 1,4-fache bei längeren Verzögerungsperioden und das 1,2-fache bei Zündschnurzündung. Nach LANGEFORS [49] ist die Wirkung im allgemeinen am besten, wenn der Lochabstand ungefähr 1,3 mal so groß wie die Vorgabe ist.

Bei der Durchführung der Kaliberversuche mußte die Abstimmung von Lochzahl und -abstand unter einem gleichbleibenden Gesichtspunkt erfolgen, um die Vergleichbarkeit der Ergebnisse zu gewährleisten. Unter Berücksichtigung des Umstandes, daß bei gleichbleibender Länge der Ladesäule das Ladegewicht mit wachsendem Kaliber erheblich zunimmt, boten sich bei gleichbleibender Bohrlochlänge folgende Möglichkeiten:

1) konstant: Stoßhöhe, Lochzahl und -abstand,
Lademenge je Bohrloch,
variabel: Ladesäulenlänge;

2) konstant: Stoßhöhe, Lochzahl je Versuch,
Ladesäulenlänge,
variabel: Lademenge je Bohrloch und damit je m Stoßhöhe;

3) konstant: Ladesäulenlänge,
variabel: Lochabstand (optimal!), Stoßhöhe in Grenzen, Lochzahl,
Lademenge je Bohrloch (je nach Kaliber);

4) konstant: Lochzahl, Lademenge je m Stoßhöhe,
variabel: Stoßhöhe;

5) konstant: Lademenge je m Stoßhöhe bei in etwa
gleicher Stoßhöhe,
variabel: Lochzahl.

Die Möglichkeiten 1) bis 4) schieden aus verschiedenen Erwägungen aus. Das an sich ideale unter 3) genannte Verfahren war wegen des infolge größerer Variantenzahl erforderlichen Bedarfs an Zeit und schießtechnisch gleichförmigen Gesteinspartien undurchführbar. Die Versuche wurden deshalb nach der unter 5) angeführten Methode durchgeführt, die auch der Praxis insofern angepaßt ist, als bei gleichbleibenden Ortsabmessungen und etwa konstantem Sprengstoffverbrauch mit zunehmendem Bohrloch- und Patronendurchmesser logischerweise Schüsse eingespart werden müssen.

4. 32 Durchführung der Versuche

Die Versuche wurden in einer Kniest-Weitung durchgeführt. Vom Erzbergwerk Rammelsberg wurden entgegenkommenderweise 1 Meisterhauer mit 2 bis 6 Berglehrlingen des letzten Lehrjahres für die Arbeiten zur Verfügung gestellt. Um die Versuche parallel zu den bereits beschriebenen Bohrversuchen durch-

Tabelle 14

Rahmenzusammensetzung und sprengtechnische Daten von Ammon-Gelit 3

Rahmenzusammensetzung	
Gel. Nitroglykol	18 ... 23 %
Arom. Nitrokörper	10 ... 15 %
Ammonsalpeter	61 ... 67 %
Holzmehl	1 ... 2 %
Eisenrot	0 ... 2 %
Sprengtechnischen Daten	
Dichte	1,53 kg/1
Bleiblockausbauchung	385 cm^3/10 g
Bleiblock-Stauchung	20 mm
Detonationsgeschwindigkeit	5500 m/s
Detonationsübertragung auf Sandbett bei 30 mm Ø	10 cm
Schwadenvolumen	807 l/kg
Sauerstoffüberschuß	3,41 %

führen zu können, wurden zur Unterstützung des Versuchsleiters zeitweise Studenten im Rahmen von bergmännischen Meldearbeiten als Protokollanten eingesetzt.

Alle Versuche (auch die späteren Betriebsversuche) wurden mit Ammon-Gelit 3 durchgeführt. Seine Rahmenzusammensetzung und wichtigsten sprengtechnischen Daten sind in Tabelle 14 (s.S. 78) zusammengefaßt.

Die untersuchten Patronendurchmesser betrugen 22 - 25 - 30 - 35 mm. Die Bohrlochdurchmesser waren korrespondierend dazu im Mittel um etwa 6 mm größer, was der bergmännischen Praxis entspricht. Die Differenz zwischen Bohrloch- und Patronendurchmesser konnte wegen des stark schleißenden Gesteins (Kaliberverlust bis zu 0,35 mm je Bohrloch) nicht genau konstant gehalten werden, doch wurde darauf geachtet, daß sie im Extremfall um nicht mehr als ± 0,9 mm davon abwich. Es wurde bewußt darauf verzichtet, alle Kaliber mit der gleichen Ladedichte zu schießen, da auch im praktischen Betrieb bei Einhaltung der bergpolizeilichen Bestimmungen beispielsweise bei einem Patronendurchmesser von 22 mm immer mit einer geringeren Ladedichte als bei 30 oder 35 mm Ø geschossen werden muß. Die Untersuchung des Einflusses der Ladedichte muß besonderen Untersuchungen vorbehalten blei

Die Bohrlöcher wurden bei allen Versuchen senkrecht übereinander und genau parallel zum Stoß abgebohrt. Ihre Länge betrug gleichbleibend 1,80 m. Bohrlochzahl und-abstand variierten mit dem Kaliber, und zwar so, daß die eingesetzte Sprengstoffmenge je m Stoßhöhe dieselbe blieb. Alle anderen schießtechnischen Einflußgrößen (Ladesäulenlänge, Besatzart und -länge, Lage der Schlagpatrone und der Sprengkapsel usw.) blieben bei allen Versuchen konstant.

Um Stoßlänge und Zeit für das Begradigen des Stoßes zu sparen, wurde der Stoß schräg gestellt. Wie Abbildung 36 zeigt, kann dadurch bei gleicher Vorgabe w die Stoßlänge a auf die Bohrlochlänge l beschränkt werden, und eine Begradigung ist nur insoweit notwendig, als beim vorausgegangenen Versuch Pfeifen stehen bleiben.

Um den Bohrlochdurchmesser über die ganze Lochlänge möglichst konstant zu halten, wurde gleich mit dem langen Bohrer angebohrt.

Das Einrichten der Bohrlöcher nach Seite und Höhe sowie das genaue Ausmessen des Vorgabenwiderstandes geschah mit Hilfe langer Ladestöcke (im

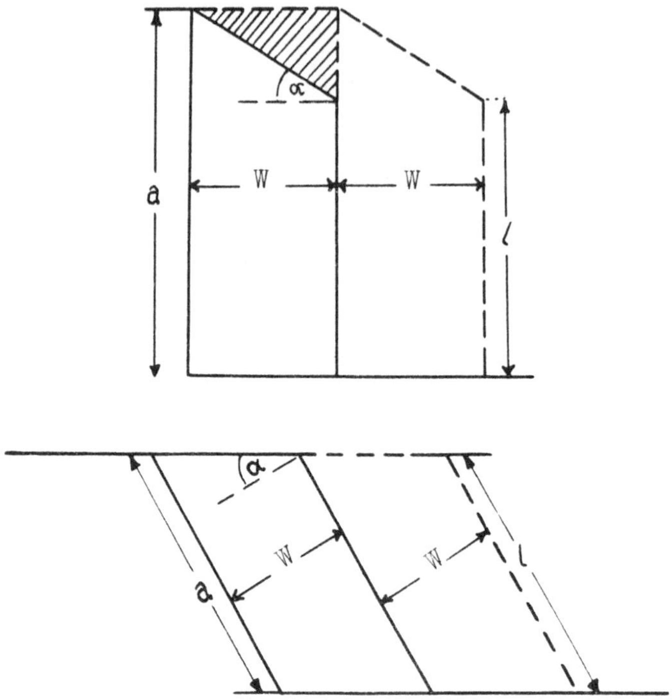

A b b i l d u n g 36

Gerade und schräge Stoßstellung

a = Stoßlänge 1 = Lochtiefe

w = Vorgabewiderstand α = Ausbruchswinkel

Bohrloch und am Stoß) sowie mit Winkel und Meterstab. Es wurde dabei größte Sorgfalt angewendet, da Abweichungen zu unrichtigen Vorgaben im Lochtiefsten und damit zu unbrauchbaren Ergebnissen führen können.

4.33 Brauchbarkeit der entwickelten Versuchsmethode

Das Schießergebnis ist zu kennzeichnen durch:

a) spezif. Sprengstoffverbrauch in g/fm^3

b) Lochpfeifen in % der Gesamtbohrlänge

c) Stückigkeit des Haufwerks

Bereits die erste Versuchsreihe zeigte, daß sich bei Variieren des Vorgabenwiderstandes der spezif. Sprengstoffverbrauch und der Pfeifenanteil auf Kurven anordnen. Ausgehend von zu großen Vorgaben erreicht der spezif. Sprengstoffaufwand bei einem bestimmten Vorgabenwiderstand sein Minimum, um bei kleineren Vorgaben wieder anzusteigen. Der optimale Vorgabenwiderstand ist dadurch gekennzeichnet, daß bei ihm der Anteil der Lochpfeifen an der Gesamtbohrlänge gerade noch 0 % beträgt.

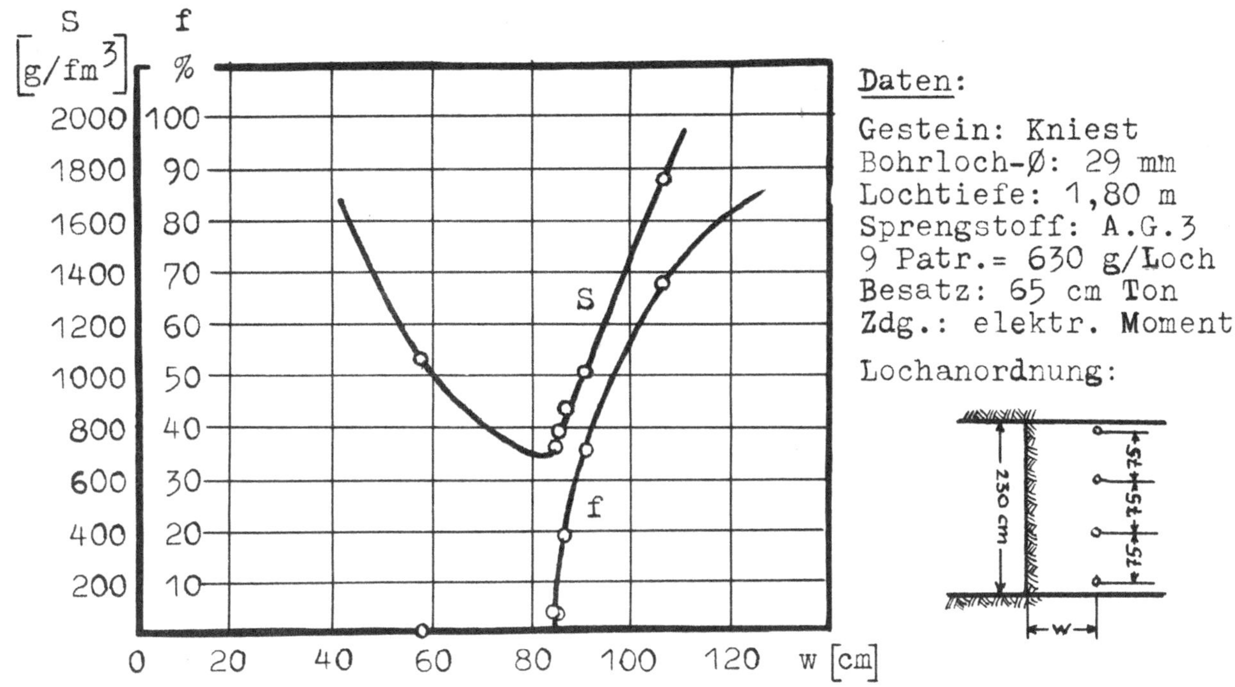

A b b i l d u n g 37

Spezifischer Sprengstoffverbrauch S und Lochpfeifenanteil f
in Anhängigkeit vom Vorgabewiderstand w

Abbildung 37 zeigt die erste nach dieser Methode erhaltene Kurve. Sie wurde nach 4 Schießversuchen gezeichnet und extrapoliert. Sie beweist, daß es funktionelle Zusammenhänge bei der Schießarbeit gibt und bietet in Form eines ausgeprägten Optimalwertes die Möglichkeit, die durch Variation zu untersuchenden Einflußfaktoren unter ihren Optimalbedingungen - also einwandfrei - zu vergleichen.

Um die Brauchbarkeit der Methode zu überprüfen, wurden am 2.6.1954 anläßlich einer Befahrung durch den "Arbeitskreis Schießwesen" im "Unterausschuß Bohren und Schießen" der Gesellschaft Deutscher Metallhütten- und Bergleute (GDMB) sowie einiger Gäste 2 Versuche geschossen, deren Ergebnisse vorher anhand der aus 4 Versuchsergebnissen erhaltenen Kurve geschätzt worden war. Der Ausbruch und damit der spezif. Sprengstoffaufwand und der Pfeifenanteil fielen fast genau in die Kurve, womit die Reproduzierbarkeit der Ergebnisse erwiesen war.

Naturgemäß werden die Streuungen um so größer, je kleiner die Lochzahl und je größer der Lochabstand wird, da sich dann die Schußbedingungen wieder denen des Einzelschusses nähern.

4. 4 Versuchsergebnisse

4. 41 Ergebnisse der verschiedenen Versuchsserien

Insgesamt wurden 6 Serien geschossen. Die beiden ersten Versuchsreihen konnten nicht gewertet werden, da bei ihnen die eingesetzte Sprengstoffmenge je m Stoßhöhe nicht vergleichbar war.

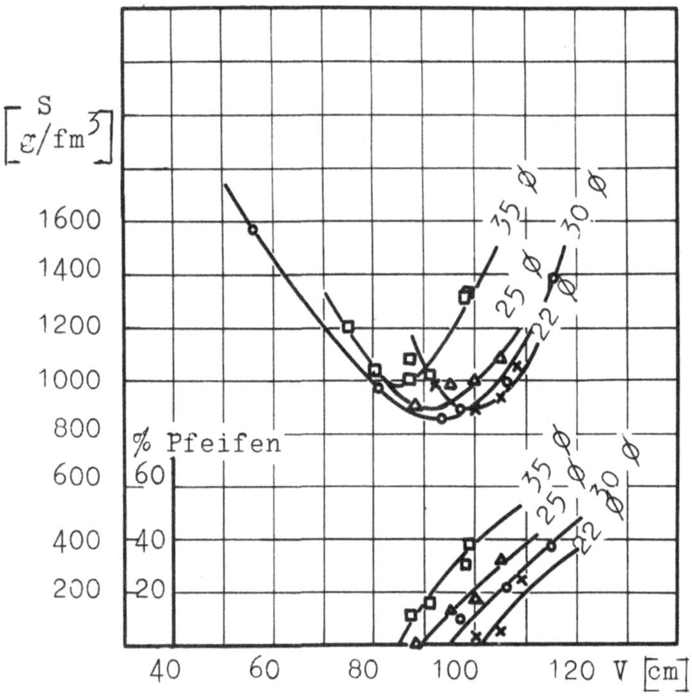

A b b i l d u n g 38

Spezif. Sprengstoffverbrauch S und Lochpfeifenanteil in Abhängigkeit von Vorgabewiderstand und Patronendurchmesser

In Abbildung 38 sind die Versuchsergebnisse der 4 Kaliberserien zusammengestellt. Die Kurven des spezifischen Sprengstoffverbrauches besitzen ein Minimum bei der optimalen Vorgabe. Die optimalen Versuche dienen als Grundlage für die Auswertung.

4. 42 Auswertung der Ergebnisse

In Abbildung 39 sind die Optimalwerte des spezif. Sprengstoffverbrauchs über dem Patronendurchmesser aufgetragen (oberer gebrochener Kurvenzug). Zur Analyse dieses Ergebnisses ist es notwendig, die wichtigsten kaliberbedingten Einflußgrößen zu betrachten, die den Verlauf der Kurve bestimmen können:

1) Detonationsphysikalisch gesehen wird fast allgemein angenommen, daß die Sprengwirkung infolge wachsender Detonationsgeschwindigkeit mit zunehmendem Patronendurchmesser zunimmt.

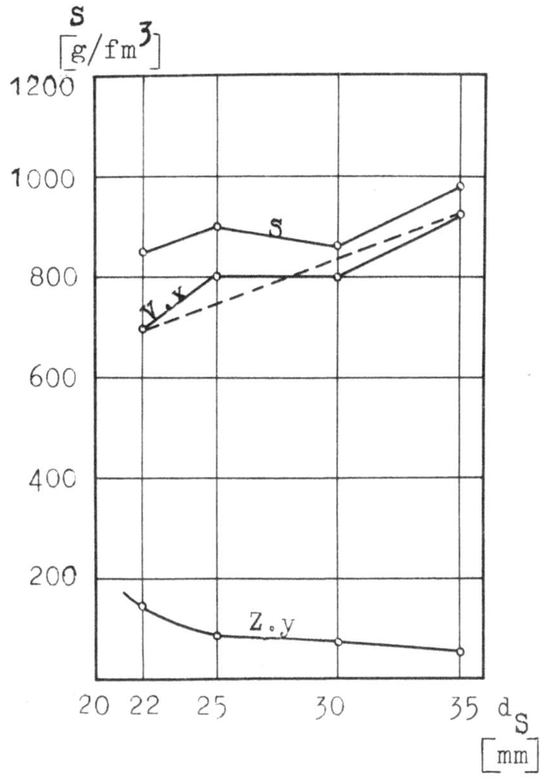

A b b i l d u n g 39
Ergebnis der Schießversuche

Allerdings ist dieser Einfluß auf das Schießergebnis noch nicht eindeutig geklärt. Zudem wächst die Detonationsgeschwindigkeit in dem untersuchten Bereich wahrscheinlich nicht sehr stark. Nach neuen, gemeinsamen Messungen der Dynamit-AG. und Wasag-Chemie AG. beträgt die Detonationsgeschwindigkeit im 30 mm-Rohr im Durchschnitt 5.500 m/s. Erweiterung der Messungen in Eisenrohren mit 25 und 34 mm Ø ergaben keine Änderungen, die über die versuchsbedingten Streuungen (ca.250 m/s) hinausgehen [14]. Wie schon auf Seite 20 festgestellt wurde, vertreten eine Reihe von Sprengfachleuten den Standpunkt, daß der Sprengstoff im Bohrloch immer mit seiner maximalen Geschwindigkeit detoniert.

14. Nach persönlicher schriftlicher Mitteilung des Sprengtechnischen Dienstes der Dynamit-AG. und der Wasag-Chemie AG

2) Es gibt einen optimalen Bohrlochabstand, der von Gestein zu Gestein verschieden sein kann. Nach eigenen Beobachtungen dürfte er im Kniest etwa das 1,8-fache des Vorgabenwiderstandes betragen. Bei der zugrundegelegten Versuchsanordnung liegen unter diesem Gesichtspunkt das Patronenkaliber 35 mm Ø am günstigsten und die kleineren Kaliber infolge der größeren Lochzahl entsprechend ungünstiger.
3) Die Verspannung der Schüsse nimmt mit abnehmender Lochzahl zu, wodurch sich der Sprengstoffbedarf erhöht.

Vernachlässigt man den unklaren detonationsphysikalischen Einfluß des Patronendurchmessers, so bleibt zu berücksichtigen, daß bei der gegebenen Versuchsanordnung der spezifische Sprengstoffverbrauch mit zunehmendem Kaliber a) infolge der größeren Verspannung ansteigt, b) infolge des grösseren Lochabstandes fällt.
Versucht man den quantitativen Einfluß dieser beiden Faktoren zu klären, so ist es notwendig, sie mit Kennziffern festzulegen.

Für den Lochabstand soll als Bezugsgröße die Lochzahl je m Stoßhöhe dienen.

Die Verspannung kennzeichnet den Grad der Einschließung eines Schusses (RUDROFF [74] bezeichnet sie deshalb als "Einschließungsgrad"). Sie ist der Zahl der freien Flächen umgekehrt proportional. Für nachfolgende Analyse interessiert im wesentlichen die freie Stoßfläche in Längsrichtung des Bohrloches. Ein Schuß, dessen Wurftrichter voll auf den freien Stoß trifft, habe die Verspannung V = 1,0 (s. Abb. 40 a).

Eckschüsse sind stärker verspannt. Sitzt der Schuß genau in Höhe der Stoßecke, so trifft nur die halbe Fläche des normalen Wurftrichters auf den freien Stoß. Ein solcher Schuß habe die Verspannung $V = \frac{1}{0,5} = 2$ (Abb.40b).

Bei den besprochenen Versuchen lagen die Eckschüsse ca. 15-20 cm höher (Sohle) bzw. tiefer (Firste) als die Stoßecke (Abb. 40 c), In diesem Fall sind etwa 60 % des normalen Wurftrichters nutzbar. Die Verspannung der Eckschüsse wird entsprechend $V \approx \frac{1}{0,6} \approx 1,7$ gesetzt.

Nach Versuchanordnung ergeben sich die Daten der verschiedenen Versuchsserien nach Tabelle 15. Aus Stoßhöhe und Lochzahl (Frontschüsse + Eckschüsse) sind in ihr die Bezuggrößen Z (Lochzahl je m) und V (mittl. Verspannungsfaktor des Versuchs) errechnet.

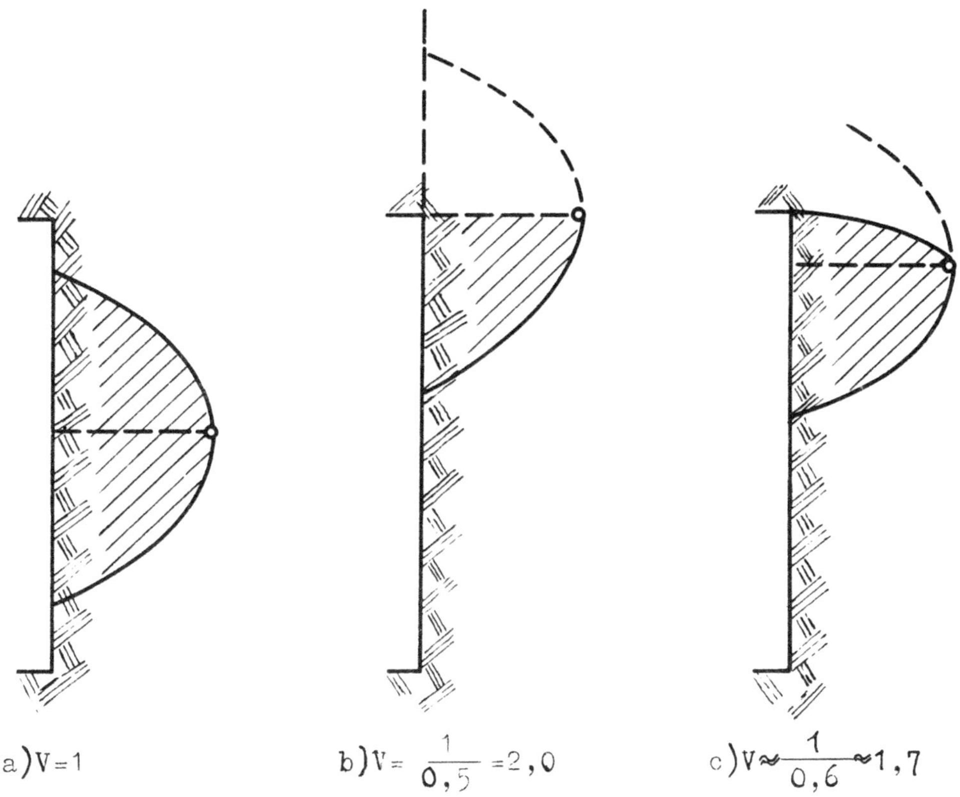

A b b i l d u n g 40

Definition der Verspannungskennziffer V

Unterstellt man zunächst, daß vorwiegend Lochabstand und Verspannung den spezifischen Sprengstoffverbrauch in Abhängigkeit vom Patronendurchmesser bestimmen, so müssen die empirisch ermittelten Werte der Beziehung gehorchen:

$$V \cdot x + Z \cdot y = S \quad [kg/fm^3]$$

Für die verschiedenen Kaliberserien lautet diese Gleichung mit den Werten der Tabelle 15 (s.S. 85):

22 mm ∅ :	$1{,}28\ x + 2{,}5\ y$	$= 850$
25 mm ∅ :	$1{,}47\ x + 1{,}5\ y$	$= 900$
30 mm ∅ :	$1{,}47\ x + 1{,}25\ y$	$= 860$
35 mm ∅ :	$1{,}70\ x + 0{,}91\ y$	$= 980$

Die Auflösung dieser 4 Gleichungen nach den 6 möglichen Kombinationen er-

T a b e l l e 15

Spezifische Lochzahl und mittlerer Verspannungsfaktor bei den verschiedenen Versuchsserien

Patronen- ∅ (mm)	22	25	30	35
Stoßhöhe (m)	2,00	2,00	2,40	2,25
Lochzahl	5	3	3	2
davon Frontschüsse	3	1	1	-
Eckschüsse	2	2	2	2
Z (Lochzahl/m)	2,50	1,50	1,25	0,91
Verspannung				
Frontschüsse	3.1,0=3,0	1.1,0=1,0	1.1,0=1,0	-
Eckschüsse	2.1,7=3,4	2.1,7=3,4	2.3,7=3,4	2.3,7=3,4
	6,4	4,4	4,4	3,4
V (Mittl. Verspannung)	1,28	1,47	1,47	1,70

gibt als Mittelwerte:

$$x = 546$$

$$y = 58$$

Geht man mit diesen analytisch abgeleiteten Mittelwerten in obige Gleichungen,so ergeben sich die Teilprodukte V . x und Z . y sowie deren Summe S_{th} (theoretischer Sprengstoffaufwand) wie in nachfolgender Tabelle aufgeführt. (s. S. 87)

Wie der Vergleich mit den empirisch erhaltenen Werten des spezifischen Sprengstoffverbrauches $S_{emp.}$ zeigt, treffen die errechneten Zahlen sehr genau die tatsächlichen.

Daraus läßt sich folgern:

Die Änderung des optimalen spezifischen Sprengstoffaufwandes bei Variierung des Patronendurchmessers ist in überwiegendem Maße funktionell von Verspannung und Lochabstand bestimmt!

Andere Einflußgrößen (z.B. detonationsphysikalische) scheinen eine untergeordnete Rolle zu spielen.

Tabelle 16

Gegenüberstellung des empirischen und des analytisch abgeleiteten spezif. Sprengstoffaufwandes

Patronendurchm. (mm)	22	25	30	35
V . x (g/fm³)	699	802	802	928
Z . y (g/fm³)	145	87	73	52
S_{th} (g/fm³)	844	889	875	980
$S_{emp.}$ (g/fm³)	850	900	860	980

In Abbildung 39 sind V . x und Z . y eingezeichnet. Sie machen nun auch quantitativ deutlich, daß mit zunehmendem Patronendurchmesser der spezif. Sprengstoffverbrauch wegen zunehmender Verspannung steigt und gleichzeitig wegen zunehmenden Lochabstandes fällt. Der tatsächliche spezif.Sprengstoffaufwand stellt sich als Überlagerung dieser beiden gegenläufigen Tendenzen dar.

Sein Minimum bei 30 mm Ø ist nun auch leicht als zufälliges Ergebnis der Versuchsanordnung deutbar. Da die Lochzahl nur ganzzahlig verändert werden kann, mußte die Stoßhöhe bei der Versuchsserie mit 30 mm Ø auf 2,40m erhöht werden (siehe Tabelle 15), um die Versuchsbasis der gleichen Sprengstoffmenge je m Stoßhöhe beizubehalten. Aus diesem Grund blieb die Verspannung etwas unter dem bei sonst versuchsüblicher Stoßhöhe zu erwartenden Wert. Dieser zufällige Einfluß läßt sich an Hand des Diagramms (Abb. 39) aber eliminieren. Gestrichelt ist die Linie der Werte für V . x bei gleichmäßig zunehmender Verspannung aufgetragen. Sie würde sich ergeben, wenn es möglich wäre, die Verspannung von Kaliber zu Kaliber nicht sprunghaft, sondern stetig zu ändern, wie dies dem funktionellen Zusammenhang entspricht.

In dieser von Zufälligkeiten gereinigten Form ergeben sich als reine Kaliberabhängigkeiten folgende Werte:

Patronendurchm. (mm)	22	25	30	35
V . x (g/fm³)	699	750	837	928
+ Z . y "	145	87	73	52
= S (g/fm³)	844	837	910	980

Die daraus resultierende reine Beziehung zwischen Patronendurchmesser und spezif. Sprengstoffverbrauch als Funktion der Verspannung und des Lochabstandes ist in Abbildung 41 aufgezeichnet. Danach ist unter den gegebenen Versuchsbedingungen ein Patronendurchmesser von etwa 25 mm optimal.

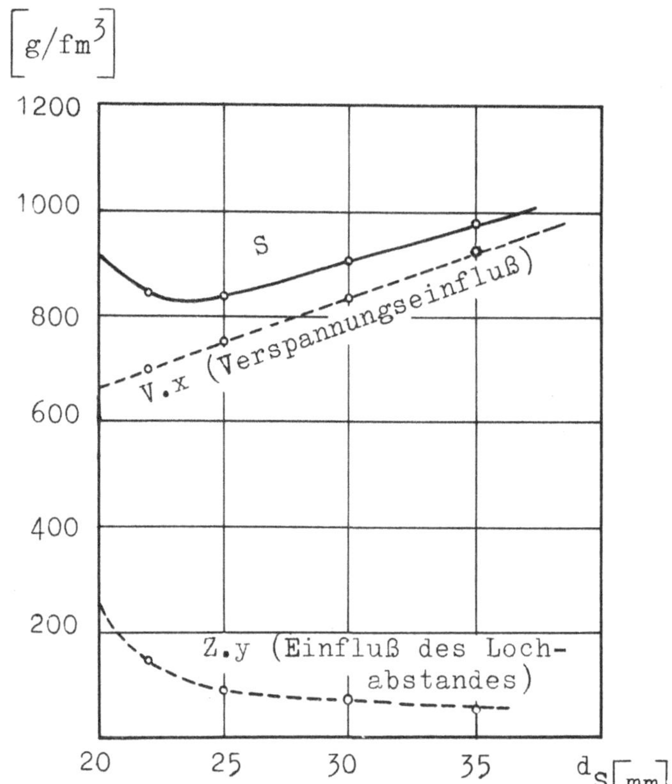

A b b i l d u n g 41

Beziehung zwischen Patronendurchmesser und spezif. Sprengstoffverbrauch als Funktion der Verspannung und des Lochabstandes

Mit Hilfe des gefundenen funktionellen Zusammenhanges läßt sich für gleichbleibende Versuchsbedingungen die <u>Verschiebung der Kurven mit wachsenden Ortsabmessungen</u> errechnen. In Abbildung 42 ist der zu erwartende optimale spezif. Sprengstoffverbrauch für folgende Stoßhöhen (Kurven von oben nach unten) aufgetragen:

a) ca. 2,20 m
b) ca. 4,40 m
c) ca. 10,00 m
d) sehr hoch (theoretisch unendlich hoch)

Es ist daraus zu ersehen:

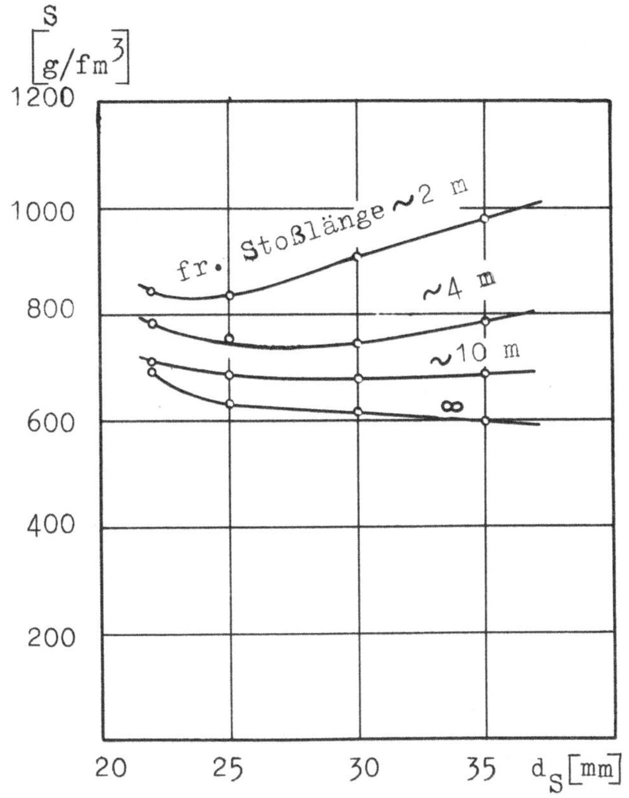

A b b i l d u n g 42
Spezifischer Sprengstoffaufwand in Abhängigkeit vo.
Patronendurchmesser und freier Stoßlänge

1) Der spezif. Sprengstoffverbrauch ist stark von den Ortsabmessungen (Stoßhöhe bzw.-länge) abhängig. Er sinkt mit zunehmenden Ortsabmessungen

2) Gleichzeitig verschiebt sich der optimale Patronendurchmesser zu höheren Werten. Bei sehr kleiner Verspannung (sehr lange Stöße) ist der größtmögliche Patronendurchmesser am wirtschaftlichsten

Noch deutlicher zeigt diesen Zusammenhang Abbildung 43 (siehe S. 90).

Natürlich können der Erhöhung des Patronendurchmessers durch andere Gesichtspunkte (Bohrgerät, Stückigkeit des Haufwerks usw.) Grenzen gesetzt sein. Allerdings bieten sich heute speziell im Millisekundenschießen neue Möglichkeiten, die Stückigkeit des Haufwerks zu steuern [32].

In einem späteren Kapitel wird noch gezeigt werden, daß sich eine Reihe von Entwicklungstendenzen der Schießpraxis (Großbohrlochschießen im Tagebau, größere oder kleinere Patronendurchmesser unter Tage) anhand der in den Abbildungen 42 und 43 aufgezeigten funktionellen Zusammenhänge deuten lassen.

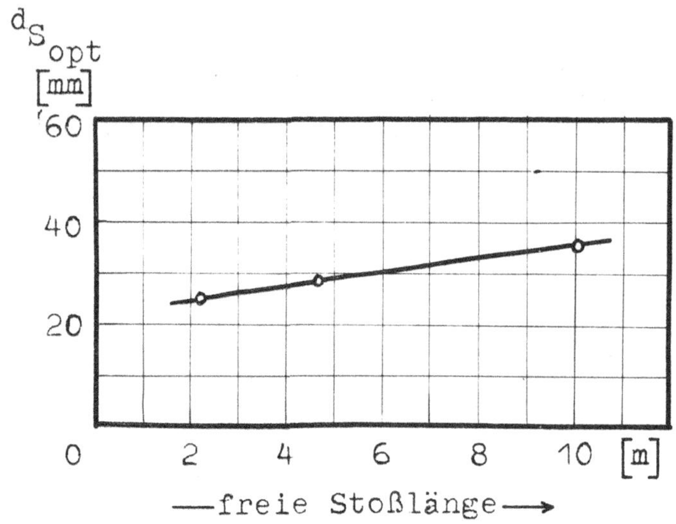

A b b i l d u n g 43

Abhängigkeit des optimalen Patronendurchmessers von der freien Stoßlänge

5. Betriebsversuche im Streckenvortrieb

5. 1 Ziel der Betriebsversuche

Nachdem durch die Bohr- und schießtechnischen Vorversuche grundsätzliche Ergebnisse (Optimalwerte) hinsichtlich des Bohrloch- und Patronendurchmessers gewonnen und funktionelle Zusammenhänge erkannt worden waren, war es notwendig, sie im praktischen Betrieb zu überprüfen und zu ergänzen.

Das Ziel bestand dabei darin, die günstigsten Betriebswerte zu bestimmen, die infolge einer Vielzahl von zusätzlichen Einflüssen (Brutto-Bohrzeit, Schießschema usw.) von den reinen Optimalwerten der Bohrversuche abweichen können. Die Lösung ist nur auf dem Wege einer Wirtschaftlichkeitsberechnung durch Vergleich von Arbeitsaufwand (Lohnkosten), Materialkosten und Sprengstoffbedarf je m aufgefahrene Strecke bzw.je fm^3 Gestein möglich.

Im Gegensatz zu den Vorversuchen, bei denen das einzelne Bohrloch bzw. der Einzelschuß (auch als Momentschuß mehrerer Ladungen) isoliert untersucht wurden, ist das wesentliche Untersuchungsgebiet im Ortsbetrieb das Nebeneinander der Sprengbohrlöcher bzw. ihre gegenseitige Zuordnung im Schießschema.

Das Ziel der Untersuchungen bestand also letzten Endes darin, mit möglichst geringer Sprengstoffmenge und möglichst geringem Arbeitsaufwand einen möglichst langen Abschlag mit günstiger Stückigkeit des Haufwerks hereinzuschießen.

5. 2 Grundsätzliches zur Versuchsmethode

Auch für Betriebsversuche gilt grundsätzlich, daß eine sichere Vergleichsbasis verschiedener Varianten nur Optimalwerte bieten. Da im Betrieb letzten Endes immer die Wirtschaftlichkeit entscheidet, sind die niedrigsten Kosten je lfdm Strecke bzw. je fm^3 Gestein für eine Beurteilung der verschiedenen Kaliber entscheidend. Das bedeutet natürlich nicht, daß die optimalen Bedingungen unverändert vom praktischen Betrieb übernommen werden können, dafür liegen sie zu dicht an der Grenze des sicheren Abschlages. In der Praxis können deshalb die gefundenen Bestwerte nur mit einem Aufschlag, insbesondere hinsichtlich des Sprengstoffaufwandes, benutzt werden.

5. 3 Durchführung der Betriebsversuche

5. 31 Die Versuchsstrecken, ihre Belegung und Ausrüstung

Für die Versuche standen 2 Strecken zur Verfügung, und zwar je eine im Kniest und im Tonschiefer. Sie hatten den Vorteil, daß

a) die anstehende Gesteinsarten bereits durch die Vorversuche als relativ homogen bekannt waren,

b) die zu durchfahrenden Gesteinspartien auf genügende Entfernung als gleichförmig zu erwarten waren

c) betriebliche Rücksichten nicht genommen zu werden brauchten.

Beide Strecken lagen im Niveau der Tagesfördersohle.

Im Versuchsort A stand Tonschiefer an, der stellenweise von dünnen Quarzschnüren durchzogen war. Die Schichten fielen mit 48^0 nach Süden ein, ihr Streichen betrug 66^0. Die Versuchsstrecke stand genau querschlägig unter den Schichten. Bei einer Sohlenbreite von 3,0 m und einer Höhe von 2,5 m betrug der Ausbruchsquerschnitt 7,2 m^2.

Versuchsort B lag im Kniest, der bereits auf Seite 32 beschrieben worden ist. Der Ausbruchsquerschnitt betrug hier 6,5 m^2 (Sohlenbreite und Höhe je 2,5 m). Die Ortsbelegung bestand aus je 2 Berglehrlingen des letzten Lehrjahres mit einem Meisterhauer für beide Örter. Zur Unterstützung des Versuchsleiters waren als Protokollanten Studenten im Rahmen ihrer bergmännischen Meldearbeit eingesetzt.

Die Ausrüstung der Ortsbetriebe entsprach der bei den schießtechnischen Vorversuchen: Mit dem zentralgespülten AZW 20 wurde von der Teleskop-Bohrstütze ET 13 der Fa. Flottmann gebohrt. Als Bohrgestänge dienten Stangenbohrer (Monoblocbohrer) mit Zapfen-Einsteckende. Als Reservehammer stand in jedem Ort ein HB 60 (Demag) mit betriebsüblichem Bohrgestänge zur Verfügung.

5. 32 Protokollierung der Versuche

Zur Protokollierung der Versuchsdaten wurden die GDMB-Merkblätter "Schießwesen" 11/2 und 11/3 benutzt, die vom Unterausschuß "Bohren und Schießen" zusammengestellt wurden (Sachbearbeiter G. FISCHER). Sie erwiesen sich trotz des Spezialzweckes der Versuche als gut geeignet. Lediglich der Schußplan wurde durch einen genaueren ersetzt, da es zweckmäßig erschien, Grund- und Seitenriß des Abschlages mit zu erfassen, um den Verlauf der Bohrlöcher und den Ausbruch besser zu kennzeichnen.

5. 33 Konstante und abgewandelte Versuchsdaten

Auf das Schießergebnis wirkt sich eine so große Zahl von Einflüssen aus, daß es notwendig erschien, die Zahl der Varianten zu beschränken.

Alle Versuche wurden mit Ammon-Gelit 3 durchgeführt, die Patronendurchmesser betrugen entsprechend den Vorversuchen 22 - 25 - 30 - 35 mm. Im Schiefer konnte die Serie mit 35 mm-Patronen nicht mehr durchgeführt werden, da das Versuchsort auslief (Durchschlag). Alle Bohrlöcher wurden mit Letten auf eine Länge von ca. 25 cm besetzt.

Nachdem Vorversuche ergeben hatten, daß der Keileinbruch in beiden Strekken dem betriebsüblichen Fächereinbruch hinsichtlich Bohrlochaufwand, Einbruchtiefe, Sprengstoffaufwand und Zeitbedarf überlegen war, wurden alle Versuche mit doppeltem Keileinbruch geschossen. Praktischen Erfahrungen entsprechend bildete das Lochtiefste der Einbruchschüsse ein Quadrat von 20 bis 30 cm Seitenlänge [15]. Sie wurden mit Millisekundenzündern gezündet, nachdem die ersten Versuche gezeigt hatten, daß der Einbruch dadurch sicherer herauskommt.

Um die Wirkung des Einbruches gesondert beurteilen zu können, wurde in 2 (bis 3) Zündgängen geschossen (Einbruch - Kränze - (Sohle)). Von der dadurch gegebenen Möglichkeit, den Einbruch mit dem Schießen des Kranzes zu verlängern, wurde kein Gebrauch gemacht, um das Schießergebnis, das auch für das Schießen in einem Zündgang gelten sollte, nicht zu verwässern. Aus demselben Grund erhielten die Helfer, Kranz- und Sohlenschüsse keine größere Länge als der Einbruch [16].

Als kaliberabhängige Einflußgrößen waren insbesondere Abschlagtiefe, Bohrlochzahl und Bohrmeteraufwand sowie der Sprengstoffeinsatz bei den verschiedenen Patronendurchmessern zu variieren. Theoretisch hätten diese Faktoren für die verschiedenen Versuchsbedingungen getrennt zu ihrem Optimalwert geführt werden müssen. Zur Bestimmung des gemeinsamen Bestwertes hätte sich dabei die Zahl der erforderlichen Versuchsserien in exponentiellem Maße vervielfacht und war aus praktischen Gründen deshalb undurchführbar. Um die Versuchszeit sowie den notwendigen Aufwand in erträglichen Grenzen zu halten, wurden unter Berücksichtigung der vorausgegangenen Versuche und ihrer Ergebnisse mehrere Einflußgrößen zusammen variiert. Es kann jedoch angenommen werden, daß der auf diese Weise erhaltene Optimalwert dem theoretischen gut angenähert ist, besonders auch deshalb, weil grundsätzlich hart an der Grenze des sicheren Hereinkommens ohne Rücksicht auf verschossene Abschläge gearbeitet wurde. Diese Grenze wurde mit Absicht bei jeder Versuchsserie mindestens einmal unterschritten.

Über die wichtigsten Kennziffern der Versuche gibt Tabelle 17 Auskunft. Zu ihr sei noch erläutert:

Bei der Berechnung des Ausbruchs wurde nur der Ausbruch innerhalb der Streckenmaße in Richtung des Vortriebes gewertet. Die Abschlaglängen wur-

---

15. siehe darüber EVERTSBUSCH [16], FISCHER [21, 22] u.a.

16. Siehe dazu auch WEDDIGE 97, S. 75: "Man hat als wichtige Regel anzusehen: Abschlaglänge nie größer als Einbruchlänge wählen!"

den genau berechnet. Die erstrebte Abschlaglänge ergibt sich als Quotient der Gesamtlänge der söhligen Bohrlöcher durch die Zahl dieser Bohrlöcher. Einbruchschüsse und kürzere Bohrlöcher wurden nicht berücksichtigt. Zieht man davon den Quotienten Summe der Lochpfeifenlängen durch Zahl der bis zur Ortsbrust gebohrten Löcher (also ebenfalls ohne kurze Einbruchschüsse) ab, so erhält man die erzielte Abschlaglänge. Das Produkt der so errechneten Abschlaglänge mit der tatsächlichen Ausbruchsfläche (maximal = Streckenquerschnitt) ergibt den Ausbruch in fm^3. Dies muß deshalb betont werden, weil sehr oft Abschlagslängen und Ausbruchsmengen unrichtig (zu hoch!) angegeben werden.

Die in der Tabelle mit A bezeichneten Versuchsserien wurden mit Fächereinbruch hereingeschossen. Dieser bestand aus 2 Einbruchsreihen und wurde gegen einen Streckenstoß gebohrt.

Der in der Tabelle zuletzt aufgeführte Abschlag wurde zum Vergleich aufgenommen. Er wurde von erfahrenen Gesteinshauern (Unternehmer) in der gleichen Strecke (Schiefer) geschossen. Durch einen 3-fach gestaffelten Keil wurde eine größere Einbruchstiefe und damit auch Abschlagstiefe erreicht. Der Einbruch mußte allerdings zweimal nachgeschossen werden.

5. 4 Versuchsergebnisse

5. 41 Kennziffern aller Versuche

Die Kennziffern aller Versuche sind in Tabelle 17 zusammengestellt. Auf das Berechnungsverfahren zur Bestimmung der Abschlagslängen und Ausbruchsmengen wurde schon hingewiesen. Die optimalen Versuche können aus dieser Tabelle nicht unmittelbar entnommen werden, da die Bestwerte hinsichtlich der verschiedenen Einflußgrößen bei verschiedenen Versuchen der jeweiligen Serie liegen. Es ist dazu zunächst eine Kostenermittlung für alle Versuche notwendig.

5. 42 Kostenermittlung

Bei der Kostenkalkulation werden nur die unmittelbar kaliberabhängigen Kosten berücksichtigt. Sie umfaßt also nur das Bohren und Schießen[17].

17. Auf die Stückigkeit des Haufwerks und damit auf die Ladearbeit wirkte sich der Patronendurchmesser bei vorliegenden Versuchen nicht merkbar aus

T a b e l l

Kennziffern der Bet

Versuchsserie	Patronendurchmesser	Versuch	Abschl. länge erstrebte	Abschl. länge erzielte	Ausbruch erstrebter	Ausbruch erzielter	Schießerfolg	Lochzahl
Nr.	mm	Nr.	m	m	fm^3	fm^3	%	-
							Kniest-Or	
I	22	1	1,32	1,10	7,9	6,6	84	23
		2	1,32	1,07	7,9	6,4	81	23
		3	1,31	1,20	7,9	7,2	91	22
		4	1,31	0,97	7,9	5,8	73	20
II	25	1	1,19	1,16	7,3	7,0	96	26
		2	1,30	1,24	7,8	7,4	95	25
		3	1,33	1,30	8,0	7,8	98	23
		4	1,26	0,95	7,6	5,7	75	22
		5	1,32	1,25	7,9	7,5	95	22
		6	1,31	1,27	7,9	7,6	96	23
III	30	1	1,58	1,24	9,5	7,4	78	22
		2	1,59	(1,44)	9,5	(8,6)	91	26
		3	1,40	1,28	8,4	7,7	92	23
		4	1,43	1,32	8,6	7,9	92	23
		5	1,47	1,38	8,8	8,3	94	22
		6	1,41	0,53	8,5	3,2	38	19
IV	35	1	1,55	0,85	9,3	5,1	55	22
		2	1,48	1,43	8,9	8,6	97	22
		3	1,57	1,46	9,4	8,9	95	23
		4	1,58	1,58	9,5	9,5	100	21
A	25	1	1,30	1,15	7,8	6,9	88	23
		2	1,30	1,13	7,8	6,7	86	23
		3	1,30	1,24	7,8	7,4	95	23
		4	1,30	1,19	7,8	7,1	91	23
							Schiefer-Or	
I	22	1	1,52	1,30	10,9	9,4	86	24
		2	1,50	1,26	10,8	9,1	84	23
		3	1,50	1,41	10,8	10,2	94	24
		4	1,50	0,91	10,8	6,6	61	23
II	25	1	1,56	1,42	11,2	10,2	91	27
		2	1,56	1,49	11,2	10,7	95	22
		3	1,60	1,07	11,5	7,7	67	24
		4	1,50	1,44	10,8	10,4	96	24
III	30	1	1,58	1,54	11,4	11,1	97	24
		2	1,61	1,35	11,6	9,7	84	24
		3	1,67	1,67	12,0	12,0	100	23
		4	1,66	1,65	12,0	11,9	99	23
A	25	1	1,82	1,55	13,2	11,1	84	28
		2	1,72	1,32	10,3	7,9	77	24
		3	1,32	1,14	7,9	6,0	76	23
		4	1,36	1,27	8,2	7,6	93	25
S	25	-	2,00	2,00	12,0	12,0	100	27

ersuche

Gesamt-Bohrloch-länge	Bohrmeter je fm³	Sprengstoffeinsatz	spezif. Sprengstoffaufwand	Bemerkungen
m	m/fm³	kg	kg/fm³	
²)				
25,70	3,89	11,1	1,68	
28,34	4,43	10,8	1,69	
25,80	3,58	10,4	1,44	
22,75	3,92	9,1	1,57	
28,10	4,o2	11,7	1,67	
26,50	3,58	12,7	1,72	
28,30	3,63	11,4	1,46	
24,30	4,27	10,0	1,75	
26,50	3,53	10,3	1,37	
26,36	3,46	10,3	1,36	
27,95	3,78	12,4	1,68	Einbruch nachgeschossen
33,53	3,90	12,5	1,45	
29,20	3,29	12,8	1,66	
31,15	3,95	12,0	1,52	
29,17	3,52	13,5	1,63	
25,15	7,87	11,5	3,48	
30,60	6,00	13,6	2,67	
29,10	3,38	14,6	1,70	
32,55	3,66	15,9	1,79	
29,75	3,13	15,0	1,58	
28,78	4,17	11,4	1,65	Fächereinbruch (28,78 – 28,05)
28,95	4,32	12,1	1,81	
28,95	3,91	10,4	1,41	
28,05	3,95	11,3	1,59	
m²)				
34,20	3,64	12,6	1,34	
29,38	3,23	11,8	1,29	
31,45	3,o8	12,2	1,20	
31,40	4,76	10,1	1,53	
37,10	3,64	13,3	1,30	
31,10	3,23	11,7	1,09	
34,25	3,08	10,9	1,42	
31,65	4,76	11,9	1,14	
34,25	3,09	13,5	1,22	
33,55	3,46	13,1	1,35	
34,10	2,84	14,0	1,17	
33,80	2,84	15,5	1,30	
47,10	4,24	16,0	1,44	Fächereinbruch (47,10 – 30,50)
33,20	4,21	14,0	1,77	
28,40	4,73	12,6	2,10	
30,50	4,02	13,4	1,76	
51,40	4,28	20,0	1,67	Betriebswert (Gesteinsunternehmen) Querschnitt 6 m²

Die Kosten sind im nachfolgenden gegliedert in

a) Arbeitskosten (vom Beginn der Bohr-Rüstzeit bis zur Beendigung des Beräumens)

b) Bohrkosten (ohne Arbeitskosten)

c) Sprengmittelkosten

Die bei den Versuchen tatsächlich angefallenen Kosten sind für die Kalkulation ungeeignet. Mit den eingesetzten Berglehrlingen konnten naturgemäß keine betriebsnahen Leistungen erzielt werden. Da die Lehrlinge außerdem etwa alle 2 Wochen ausgewechselt wurden und die einzelnen Gruppen doch recht beträchtliche Unterschiede hinsichtlich Erfahrung und Geschicklichlichkeit aufwiesen, ist selbst innerhalb der Versuche keine Konstanz der Leistungen möglich gewesen. Dieser Umstand wirkte sich auch auf die Materialkosten aus, da geringe Fertigkeit beim Bohren z. B. die Bohrgestängebrücke stark beeinflußte.

Außerdem müssen bei einem Kostenvergleich auch die im Sinne einer sorgfältigen Versuchsdurchführung notwendigen Zeiten für das genaue Einmessen der Bohrlöcher, Ladesäulenlängen, Schneidenkaliber usw. sowie die Bestimmung des Ausbruchs, Protokollierung usw. unberücksichtigt bleiben.

Aus diesen Gründen war es notwendig, aus erhaltenen Kennziffern betriebsnahe Kosten zu ermitteln. Da dies bei allen Versuchen nach der gleichen Methode geschah, kann angenommen werden, daß die ermittelten Kosten zumindest relativ richtig sind. Das abstrahierende Verfahren der Kostenermittlung hat zudem den Vorteil, daß Zufälligkeiten des Betriebsablaufes das Ergebnis nicht verfälschen können.

5.421 Arbeitskosten

Die Arbeitskosten bestimmen sich aus dem Zeitaufwand für die Summe aller Teilzeiten des Bohrens und Schießens. Auf Grund umfangreicher und genauer Zeitstudien hat WALLIN [95] eine Formel angegeben, die den erforderlichen Gesamtzeitaufwand bei guter Leistung aus einer Anzahl von Kennziffern bestimmen läßt. Nach ihr ist:

$$T = 100 + M\,(40 + 1{,}05\,A) + N\,(5{,}2 + 0{,}025\,A) + 1{,}23\,G\,\left(\frac{100}{v} + 0{,}82\right) + 1{,}23\,\frac{G}{b}\,\left(0{,}24 + 0{,}12\,\frac{G}{N}\right)$$

Darin bedeuten:

T = Gesamtzeit je Abschlag (Amin)

T a b

Kaliberabhängige Kos

Versuchsserie	Patronendurchm.	Versuch	erzielte Abschlagtiefe	erzielter Ausbruch	Zeitbedarf je Abschlag	Arbeitskosten		Kosten je Bohr-
Nr.	mm	Nr.	m	fm^3	Amin	DM/Abschlag	DM/fm^3	D
							Kniest	
I	22	1	1,10	6,6	504	30,24	4,58	1
		2	1,07	6,4	524	31,44	4,91	
		[3]	1,20	7,2	500	30,00	4,17	
		4	0,97	5,8	467	28,02	4,83	
II	25	1	1,16	7,0	566	33,96	4,85	1
		2	1,24	7,4	547	32,82	4,44	
		3	1,30	7,8	552	33,12	4,26	
		4	0,95	5,7	513	30,78	5,40	
		[5]	1,25	7,5	532	31,92	4,26	
		6	1,27	7,6	536	32,16	4,23	
III	30	1	1,24	7,4	575	34,50	4,66	1
		2	1,44	8,6	649	38,94	4,53	
		3	1,28	7,7	592	35,52	4,61	
		4	1,32	7,9	611	36,66	4,64	
		[5]	1,38	8,3	587	35,22	4,24	
		6	0,53	3,2	533	31,98	9,99	
IV	35	1	0,85	5,1	690	41,40	8,12	2
		2	1,43	8,6	671	40,26	4,68	
		3	1,46	8,9	719	43,14	4,85	
		[4]	1,58	9,5	674	40,44	4,26	
A	25	1	1,15	6,9	556	33,36	4,83	1
		2	1,13	6,7	558	33,48	5,00	
		3	1,24	7,4	558	33,48	4,52	
		4	1,19	7,1	550	33,00	4,65	
							Schie	
I	22	1	1,30	9,4	521	31,26	3,33	
		2	1,26	9,1	487	29,22	3,21	
		[3]	1,41	10,2	505	30,30	2,97	
		4	0,91	6,6	499	29,94	4,54	
II	25	1	1,42	10,2	575	34,50	3,38	
		[2]	1,49	10,7	510	30,60	2,86	
		3	1,07	7,7	541	32,46	4,22	
		4	1,44	10,4	524	31,44	3,02	
III	30	1	1,54	11,1	570	34,20	3,08	
		2	1,35	9,7	565	33,90	3,49	
		[3]	1,67	12,0	564	33,84	2,82	
		4	1,65	11,9	562	33,72	2,83	
A	25	1	1,55	11,1	646	38,76	3,49	
		2	1,32	7,9	534	32,04	4,06	
		3	1,14	6,0	498	29,88	4,98	
		4	1,27	7,6	522	31,32	4,12	
S	25	-	2,00	12,0	670	40,20	3,35	

e 18

ler Betriebsversuche

Abschlag	Bohrkosten		Sprengmittelkosten		Kaliberabhäng. Gesamtkosten	
m	DM/Abschlag	DM/fm^3	DM/Abschlag	DM/fm^3	DM/Abschlag	DM/fm^3
6m^2)						
5,70	30,84	4,67	38,06	5,77	99,14	15,02
8,34	34,01	5,31	37,56	5,87	103,01	16,09
5,80	30,96	4,30	36,07	5,01	97,03	13,48
2,75	27,30	4,71	32,46	5,60	87,78	15,14
8,10	39,34	5,62	40,63	5,80	113,93	16,27
6,50	37,10	5,01	42,87	5,79	112,79	15,24
8,30	39,62	5,08	38,74	4,97	111,48	14,31
4,30	34,02	5,97	34,98	6,14	101,40	17,51
6,50	37,10	4,95	35,66	4,75	104,68	13,96
6,36	36,90	4,86	37,20	4,89	106,26	13,98
7,95	45,56	6,16	41,65	5,63	121,71	16,45
3,53	54,65	6,35	43,67	5,08	137,26	15,96
9,20	47,60	6,18	42,43	5,51	125,55	16,30
1,15	50,77	6,43	41,59	5,23	128,72	16,30
9,17	47,55	5,73	45,22	5,45	127,99	15,42
5,15	40,99	12,81	41,24	12,89	114,21	35,69
0,60	67,93	13,32	44,07	8,64	153,40	30,08
9,10	64,60	7,51	46,47	5,40	151,33	17,59
2,55	72,26	8,12	50,30	5,65	165,70	18,62
9,75	66,04	6,95	46,69	4,91	153,17	16,12
28,78	40,29	5,84	38,74	5,61	112,39	16,28
28,95	40,53	6,05	40,92	6,11	114,93	17,16
28,95	40,53	5,48	36,83	4,98	110,84	14,98
28,05	39,27	5,53	38,88	5,48	111,15	15,66
t (7,2 m^2)						
34,20	34,54	3,67	42,06	4,47	107,86	11,47
29,38	29,67	3,26	39,30	4,32	98,19	10,79
31,45	31,76	3,11	42,04	4,12	104,10	10,21
31,40	31,71	4,80	36,28	5,50	97,93	14,84
37,10	42,66	4,18	45,03	4,41	122,19	11,98
31,10	35,76	3,34	38,86	3,63	105,22	9,83
34,25	39,39	5,12	38,18	4,96	110,03	14,29
31,65	36,40	3,50	40,28	3,87	108,12	10,39
34,25	46,24	4,17	44,67	4,02	125,11	11,27
33,55	45,29	4,67	43,49	4,48	122,68	12,65
34,10	46,03	3,84	45,55	3,80	125,42	10,45
33,80	45,63	3,83	49,00	4,12	128,35	10,79
47,10	54,16	4,88	52,31	4,71	145,23	13,08
33,20	38,18	4,83	46,60	5,90	116,82	14,79
28,40	32,66	5,44	41,67	6,94	104,21	17,37
30,50	35,08	4,62	44,65	5,87	111,05	14,61
51,40	59,11	4,93	59,50	4,99	159,21	13,27

M = Zahl der Arbeiter

A = Ausbruchquerschnitt (m^2)

N = Bohrlochzahl

G = Summe der Bohrmeter (m)

v = tatsächliche Bohrgeschwindigkeit (cm/min)

b = Bohrergangunterschied (m)

Die Formel erwies sich bei einer Überprüfung nach Betriebsbeispielen als gut geeignet und wurde im folgenden zur Bestimmung des Arbeitsaufwandes benutzt.

Unter Berücksichtigung der über alle Versuche gleichbleibenden Bedingungen vereinfacht sie sich für das Kniest-Ort zu:

$$T = 192{,}6 + 5{,}35\ N + 1{,}23\ G\ (\frac{100}{v} + 0{,}12\ \frac{G}{N} + 1{,}06),$$

für das Schieferort zu:

$$T = 195{,}12 + 5{,}38\ N + 1{,}23\ G\ (\frac{100}{v} + 0{,}12\ \frac{G}{N} + 1{,}06).$$

Nach diesen Formeln wurde der Zeitaufwand in Arbeiterminuten für jeden einzelnen Versuch errechnet. Die Ergebnisse finden sich in Tabelle 18. Unter Bezugnahme auf einen Schichtlohn von 18,-- DM + 50 % Lohnnebenkosten bei 7 1/2 - Stunden-Schicht wurde die Arbeiterminute mit 0,06 DM in Rechnung gesetzt.

5. 422 Bohrkosten

Die Kosten je Bohrmeter (ohne Bohrerlöhne) belaufen sich nach sorgfältigen statistischen Erhebungen eines gut vergleichbaren Betriebes auf 1,29 DM/m. Das zugrundeliegende mittlere Schneidenkaliber liegt bei etwa 32 mm.

Für die Kostenkalkulation der verschiedenen Kaliber wird angenommen, daß innerhalb des gleichen Gesteins die Kosten je Bohrmeter der Netto-Bohrzeit je Bohrmeter direkt, der Bohrgeschwindigkeit also umgekehrt proportional sind. Diese Relation gilt sicher für Energie, Schmiermittel, Ersatzteile, Schläuche, Überwachung und Abschreibungen, die zusammen etwa 80 % der Gesamtkosten in Anspruch nehmen. Die Materialkosten, die etwa 20 % betragen, können wohl auch mit guter Annäherung durch diese Beziehung erfaßt werden.

In Gesteinen, die nach Härte und Verschleißwirkung stark differieren, werden sich vor allem die Materialkosten, Ersatzteilkosten und Abschreibungen verschieben. Sie machen im Mittel rd. 0,57 DM je Bohrmeter = 44,5 % der Kosten aus. Beim Kniest handelt es sich in diesem Sinne um ein sehr ungünstiges, beim Tonschiefer um ein gutartiges Gestein. Zur Berücksichtigung dieses Umstandes werden in der Kostenkalkulation die Kosten je Bohrmeter bei einem Schneidendurchmesser von 32 mm im Kniest = 1,40 DM/m, im Schiefer = 1,15 DM/m gesetzt.

Die Kosten für die anderen Schneidendurchmesser verhalten sich zu diesen Richtzahlen etwa wie die Bohrzeiten je m.

5.423 Sprengmittelkosten

Die Sprengstoff-und Zündmittelkosten je Abschlag können für jeden Versuch direkt dem Auswertungsbogen des Versuchsprotokolls entnommen werden.

5.424 Kaliberabhängige Gesamtkosten

Die kaliberabhängigen Gesamtkosten für jeden Versuch ergeben sich als Summe der Arbeits-, Bohrmaterial- und Sprengmittelkosten nach Tabelle 18. Aus ihr können die Optimalwerte der verschiedenen Versuchsserien entnommen werden, die dann zum Vergleich der untersuchten Kaliber dienen. Optimal sind die Versuche, bei denen die Kosten je fm^3 Gesteinsausbruch bzw. je m Strecke ihr Minimum haben. Diese Versuche sind in keinem Falle mit denen identisch, die die geringsten Kosten je Abschlag aufweisen. Dies ist ein Beweis dafür, daß der noch zulässige Mindestaufwand an Bohrarbeit oder Sprengstoff bei jeder Serie unterschritten wurde und sich die herausgeschälten Bestwerte den wahren gut nähern dürften.

5. 43 Vergleich der Optimalwerte

5.431 Kaliberabhängige Gesamtkosten

Die Optimalwerte der kaliberabhängigen Gesamtkosten sind in Tabelle 18 für jede Serie durch Unterstreichung besonders hervorgehoben. Zusammen mit den wichtigsten Kennziffern sind die optimalen Versuche in Tabelle 19 (s.S.100) noch einmal zusammengefaßt.

In Abbildung 44 (s.S.101) und 45 (s.S. 102) sind die verschiedenen Kostenarten als Summenkurven übereinander in Abhängigkeit vom Patronendurchmesser dargestellt. Das Minimum der Gesamtkosten liegt im Kniest bei Patronendurchmsser von 22 mm, im Schiefer bei einem solchen von 25 mm. Die zunächst überraschende Erscheinung, daß im milden Gestein der optimale Pa-

T a b e l l e 19

Kennziffern und kaliberabhängige Kosten der optimalen Abschläge

Strecke	Kniest (6 m^2)				Schiefer (7,2 m^2)		
Patronendurchm.(mm)	22	25	30	35	22	25	30
erz.Abschlagtiefe(m)	1,20	1,25	1,38	1,58	1,41	1,49	1,67
" Ausbruch (fm^3)	7,2	7,5	8,3	9,5	10,2	10,7	12,0
Lochzahl je Abschlag	22	22	22	21	24	22	22
" " m^2	3,7	3,7	3,7	3,5	3,3	3,0	3,0
" " fm^3	3,1	2,9	2,7	2,3	2,4	2,05	1,8
Bohrmeter je Abschlag	25,80	26,50	29,17	29,75	31,45	31,10	34,10
" " fm^3	3,6	3,5	3,5	3,1	3,1	2,9	2,8
Sprengst.aufwand (kg)	10,4	10,3	13,5	15,0	12,2	11,7	14,0
spezif.Spr.st.verbr. (kg/fm^3)	1,45	1,37	1,63	1,58	1,20	1,09	1,17
Schießerfolg (%)	91	95	94	100	94	95	100
Arb.Kosten (DM/Abschl)	30,00	31,92	35,22	40,44	30,30	30,60	33,84
" " (DM/fm^3)	4,17	4,26	4,24	4,26	2,97	2,86	2,82
Bohrkosten (DM/Abschl)	30,96	37,10	47,55	66,04	31,76	35,76	46,03
" (DM/fm^3)	4,30	4,95	5,73	6,95	3,11	3,34	3,84
Sprengmittel(DM/Abschl)	36,07	35,66	45,22	46,69	42,04	38,86	45,55
" (DM/fm^3)	5,01	4,75	5,45	4,91	4,12	3,63	3,80
Summe Kosten (DM/Abschl.)	97,03	104,68	127,99	153,17	104,10	1o5,22	125,42
(DM/fm^3)	13,48	13,96	15,42	16,12	10,21	9,83	10,45
(DM/m)	80,86	83,74	92,52	96,72	73,51	70,78	75,24

tronendurchmesser größer ist als im sehr harten Gestein findet im gleichen Diagramm ihre Lösung in den Bohrkosten. Diese steigen im Kniest mit wachsendem Kaliber sehr stark an, wohingegen ihre Progression im Schiefer wesentlich geringer ist.

Die Sprengmittelkosten haben in beiden Gesteinen ihr Minimum bei einem Patronendurchmesser von 25 mm. Die Arbeitskosten fallen im Schiefer mit zunehmendem Kaliber geringfügig und sind im Kniest praktisch kaliberunabhängig.

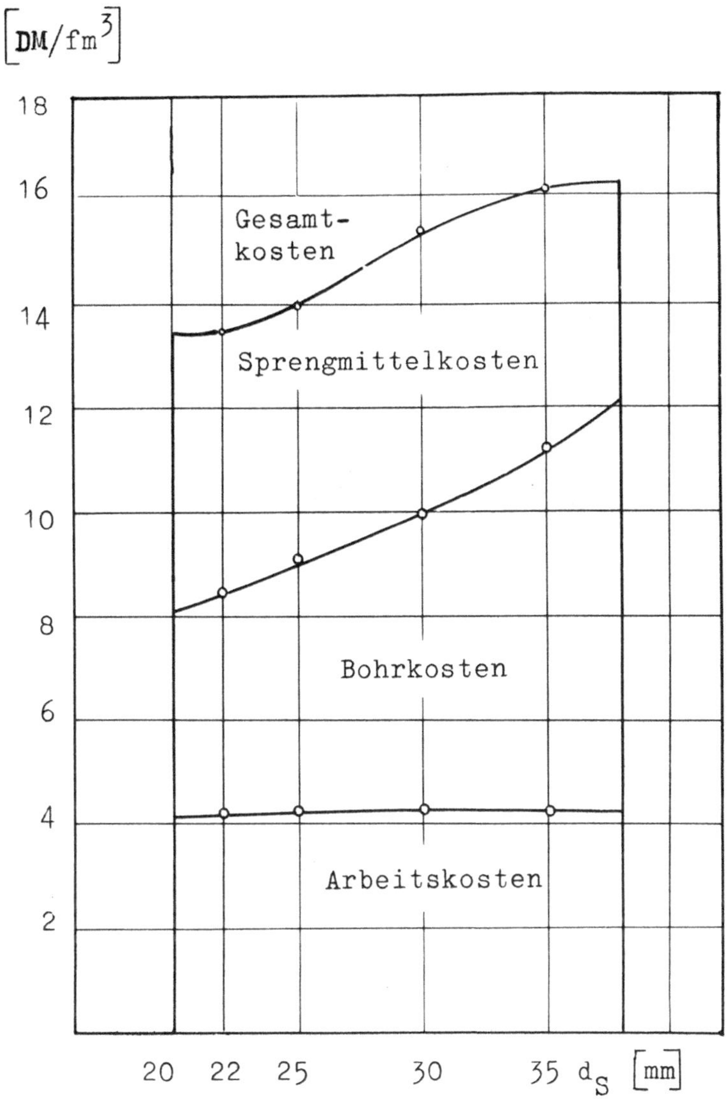

Abbildung 44

Kaliberabhängige Kosten (Streckenvortrieb) in Abhängigkeit vom Patronendurchmesser. Gestein: Kniest, Ausbruchsquerschnitt: 6 m^2

Die Tabelle 18 zeigt auch die Überlegenheit des Keileinbruchs gegenüber dem Fächereinbruch, wenn man ihre Ergebnisse bei gleichem Patronendurchmesser gegenüberstellt.

Interessant ist der Vergleich mit dem letzten in der Tabelle angeführten Abschlag, der bereits auf Seite 97 erwähnt wurde. Er wurde im Schieferort durch eine Unternehmerfirma geschossen und erreichte mit allerdings 3-fach gestaffeltem Keileinbruch eine Abschlagtiefe von 2,00 m. Die Tatsache, daß der Einbruch zweimal nachgeschossen wurde, ist bei der Kosten-

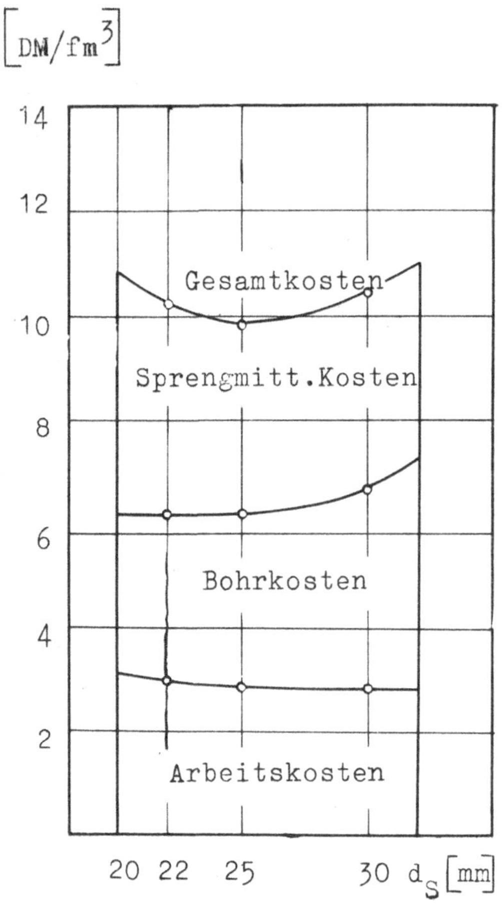

A b b i l d u n g 45

Kaliberabhängige Kosten (Streckenvortrieb) in Abhängigkeit vom Patronendurchmesser. Gestein: Tonschiefer

Ausbruchsquerschnitt: 7,2 m^2

ermittlung unberücksichtigt geblieben. Trotzdem sind seine Gesamtkosten um 35 % höher als bei dem im Rahmen der Versuche erhaltenen optimalen Abschlag des gleichen Kalibers. Bemerkenswerterweise ist dies nicht nur auf den hohen Sprengstoffverbrauch, sondern auch auf höhere Arbeits- und Bohrkosten zurückzuführen[18]. Ganz abgesehen von den hier nicht berücksichtigten Kosten, die durch die größere Zahl der auf den Einbruch verwendeten Zündgänge entstehen, beweist dieses Ergebnis, daß die größte Abschlaglänge nicht auch zugleich die wirtschaftlichste ist.

---

18. Selbstverständlich wurden die Kosten bei diesem Abschlag nach dem selben Modus wie bei den Versuchen errechnet

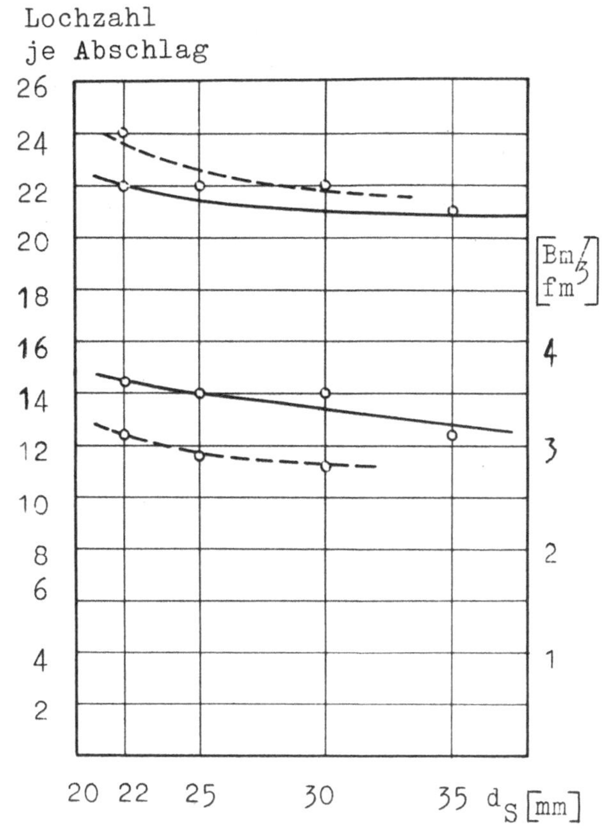

A b b i l d u n g 46

Lochzahl je Abschlag und Bohrmeter je fm^3 in Abhängigkeit vom Patronendurchmesser

———— = Kniest (6 m^2)

– – – – = Tonschiefer (7,2 m^2)

5. 432 Lochzahl je Abschlag und Bohrmeter je fm^3

Aus Abbildung 46 ist die Veränderung der Lochzahl je Abschlag und des Bohrmeteraufwandes je fm^3 Gestein zu ersehen. Es zeigt sich, daß die Lochzahl je Abschlag bei den vorliegenden Streckenquerschnitten bei Vergrößerung des Kalibers praktisch kaum noch verringert werden kann, daß also die durch größere Patronendurchmesser möglichen größeren Vorgaben und Lochabstände nicht ausgenutzt werden können.

Der spezifische Bohrmeteraufwand dagegen fällt, wenn auch geringfügig über alle untersuchten Kaliber. Dies ist auf die mit größeren Patronendurchmessern erreichbaren größeren Einbruchtiefen zurückzuführen. Es deutet sich allerdings durch schwächer werdende Degression schon im untersuchten Kaliberbereich eine Annäherung an einen minimalen Grenzwert an, der dann erreicht werden muß, wenn Lochzahl je Abschlag und Abschlagtiefe nicht mehr weiter vermindert werden können.

5. 433 Abschlagslänge und Ausbruchsmenge

Im untersuchten Kaliberbereich wird diese Grenze allerdings noch nicht erreicht, wie aus den Abbildungen 47 und 48 zu ersehen ist. Das Anwachsen der Abschlagslänge und damit der Ausbruchsmenge mit dem Kaliber zeigt deutlich den Vorteil einer stärkeren Sprengstoffkonzentration im Einbruchstiefsten bei Verwendung grösserer Patronendurchmesser.

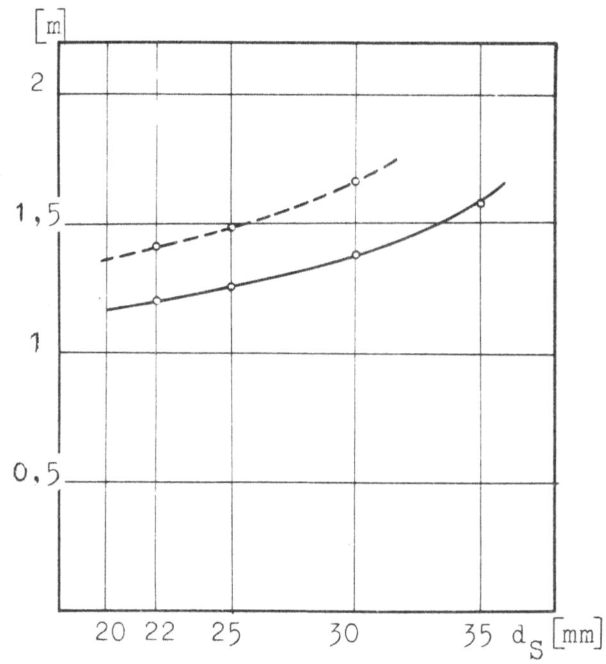

A b b i l d u n g 47

Abschlagslänge (= Einbruchstiefe) in Abhängigkeit vom Patronendurchmesser

——— = Kniest (6 m^2)

- - - - = Tonschiefer (7,2 m^2)

Allerdings muß dieser Gewinn, wie Tabelle 18 und Abbildung 44,45 zeigen, insbesondere durch stark progressive Bohrkosten bezahlt werden, so daß letzten Endes die möglichen Vorteile des größeren Kalibers wegen Unwirtschaftlichkeit nicht ausgenutzt werden können. Dies gilt allerdings nur für die kleinen Ausbruchsquerschnitte der Versuchsstrecken und natürlich in noch stärkerem Maße bei noch kleineren Ortsabmessungen. Je größer diese dagegen werden und je kleiner damit die Verspannung wird, um so mehr wirkt sich der Vorteil der größeren Sprengstoffkonzentration bei Verwendung dickerer Patronen speziell im Einbruch aus, da in diesem Fall gleich-

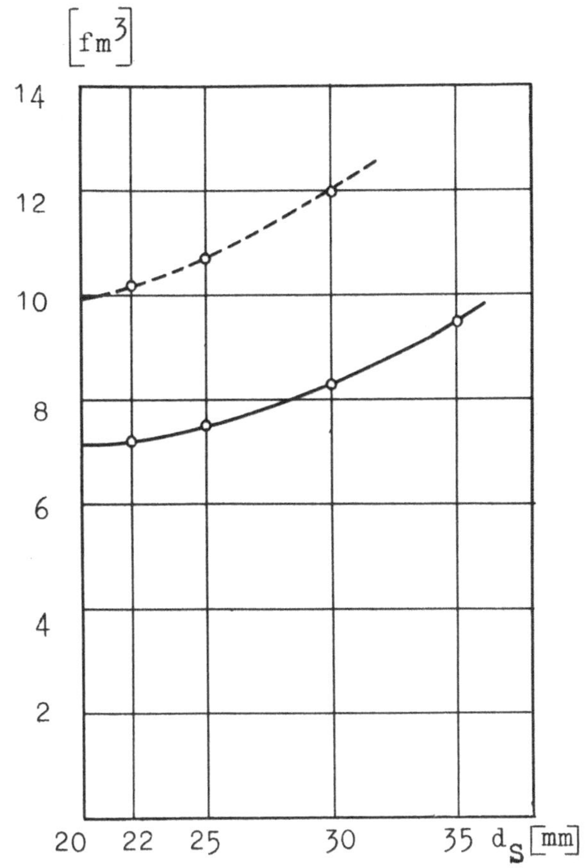

A b b i l d u n g 48

Ausbruchsmengen in Abhängigkeit vom Patronendurchmesser.

——————= Kniest (6 m²)

— — — — —= Tonschiefer (7,2 m²)

zeitig die Lochzahl je Abschlag weiter vermindert werden kann.

In eindeutiger Form sind diese Zusammenhänge durch die grundlegenden schießtechnischen Vorversuche im Kapitel 4 bewiesen worden.

5. 434 Der spezifische Sprengstoffverbrauch

Abbildung 49 (s.S.106) gibt eine ausgezeichnete Bestätigung der grundlegenden Vorversuche und beweist eindeutig die Richtigkeit und praktische Bedeutung der in ihnen ermittelten und in Abbildungen 41 - 43 dargelegten funktionellen Zusammenhänge zwischen Ortsabmessungen und optimalem Patronendurchmesser. Hinsichtlich des geringsten spezifischen Sprengstoffverbrauches ergab sich die Größe des optimalen Patronendurchmessers bei den Betriebsversuchen genau mit dem theoretisch ermittelten Wert, wie er

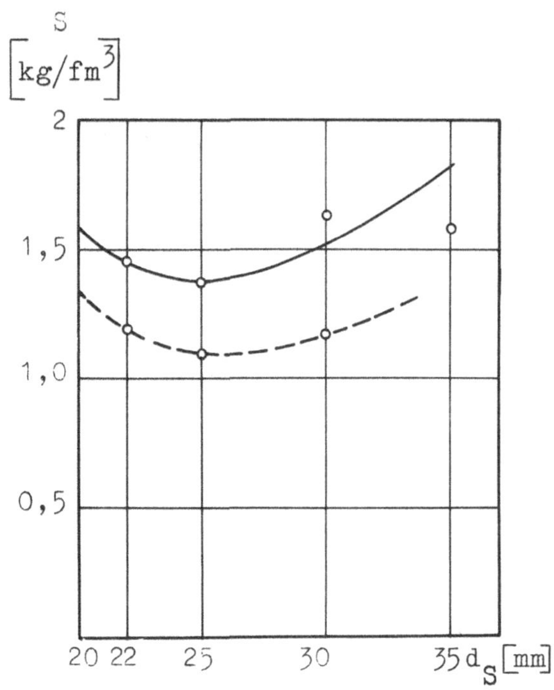

A b b i l d u n g 49

Spezifischer Sprengstoffverbrauch in Abhängigkeit vom Patronendurchmesser
———— = Kniest (6 m^2)
------ = Tonschiefer (7,2 m^2)

in dem Diagramm der Abbildung 42 aufgezeichnet wurde. Besonders auffallend ist dabei, daß die Gesteinseigenschaften anscheinend nur eine untergeordnete Rolle spielen. Wie Abbildung 49 zeigt, liegt der optimale Durchmesser im Schiefer trotz des wesentlich milderen Gesteinscharakters infolge der etwas größeren Ortsabmessungen (3,00 m Sohlenbreite gegenüber 2,50 m im Kniest) ein wenig höher als im Kniest. Der im Streckenvortrieb erforderliche höhere spezif. Sprengstoffaufwand ist durch den zusätzlich notwendigen Einbruch bedingt.

5. 5 Kritischer Vergleich der Ergebnisse mit den bisherigen Anschauungen

Vorstehend dargestellte Untersuchungen haben eindeutig die Abhängigkeit des optimalen Patronendurchmessers von den Ortsabmessungen bzw. der von ihnen bedingten Verspannung erwiesen. Die von LANGEFORS [49, 50] und PEARSE [69] vertretene Unabhängigkeit der spezif. Lademenge vom Patronendurchmesser hat demnach nur für sehr lange Abbaustöße bzw. im Tagebau Gültigkeit [19]. (s.S. 107).

19. siehe hierzu und zu den nachfolgend zitierten Autoren Kapitel 12 und 13 vorliegender Arbeit

Die von BECKER [9], WEDDIGE [97] und BAUSCH [8] angegebene Abhängigkeit des optimalen Patronendurchmessers von den Gesteinseigenschaften ist anscheinend nur von untergeordneter Bedeutung.

Vorliegende Versuchsergebnisse erklären den von WRIGHT, BURGH und BROWN [103] zu ihrer Überraschung festgestellten Einfluß der Verspannung. Quantitativ sind ihre Ergebnisse noch nicht eindeutig, da die Versuche nicht zum optimalen Patronendurchmesser variiert wurden und sich bei ihnen die Lademenge je m Stoßhöhe mit zunehmendem Kaliber zu stark vergrößerte.

Insbesondere sind nunmehr die starken, scheinbaren Widersprüche der russischen [70, 58, 78, 86, 68] und US-amerikanischen [82, 19] Kaliberversuche erklärt. Da die Ergebnisse der Russen sich vorwiegend auf Schachtabteufbetriebe mit 28 - 68 m^2 Ausbruchsquerschnitt beziehen, die Ergebnisse von SHAFFER und NOREN [82] aber auf eine Strecke von 4,2 m^2, mußten sich nach den bestehenden funktionellen Zusammenhängen im ersteren Falle große Patronendurchmesser, im zweiten Kleinkaliber-Patronen als optimal erweisen. Die von russischen Autoren erst in letzter Zeit angegebenen Vorteile großer Kaliber in relativ engen Streckenquerschnitten sind vermutlich auf Vorurteile zurückzuführen, die sich durch die überraschenden Erfolge in großen Schachtquerschnitten eingestellt haben. Wie schon ausgeführt wurde, enthalten die zitierten Versuche im Streckenvortrieb offensichtlich Fehler bei der Versuchsdurchführung.

Wenigstens qualitativ war der Einfluß der Verspannung schon richtig erkannt von FISCHER [21, 22], FRAENKEL [24], MÜLLER [64], PEARSE [69] sowie TERPIGOREW und JARZEW [90]. Ihr auf Erfahrungen beruhender Standpunkt dürfte nunmehr auch exakt bewiesen sein.

5. 6 Einige weitere Gesichtspunkte für die Kaliberwahl

Vorstehende Versuchsergebnisse gelten quantitativ exakt natürlich nur unter den für sie vorliegenden Versuchsbedingungen, während dagegen die erkannten Tendenzen von allgemeiner Gültigkeit sein dürften.

Über die untersuchten und diskutierten Einflußgrößen hinaus können allerdings weitere Faktoren das optimale Kaliber beeinflussen. Das gilt insbesondere für das Bohrgerät und die Sprengstoffart.

Hinsichtlich des Bohrgerätes konnte bei den schießtechnischen Vorversuchen und den Betriebsversuchen festgestellt werden, daß der eingesetzte AZW 20 für das kleinste Bohrkaliber in Verbindung mit 19 mm-Bohrstahl schon zu schwer war. Während diese Kombination auf der Lafette des Vorschubgerätes noch einwandfrei arbeitete, kam es in Verbindung mit der Druckluft-Bohrstütze zu häufigen Betriebsstörungen und zahlreichen Brüchen der Kleinkaliberstangen. Diese nahmen so starke Ausmaße an, daß bei den Schießversuchen und in den Versuchsstrecken die Versuche mit 28 mm-Schneidendurchmesser überwiegend mit einem leichteren Hammer (HB 60) durchgeführt werden mußten. Dadurch gingen natürlich die gerade auf bohrtechnischem Gebiet liegende Vorteile des Kleinkalibers mehr als verloren. Selbst beim Bohren mit dem schweren Hammer wurde die bei 28 mm-Schneidendurchmesser zu erwartenden Bohrgeschwindigkeiten i. a. nicht erreicht.

Mögen diese Beobachtungen z. T. auch auf der mangelnden Bohrerfahrung der Berglehrlinge beruhen, so kann doch mit einiger Sicherheit angenommen werden, daß die wahren Bohrkosten beim kleinsten untersuchten Kaliber unter Versuchsbedingungen immer über den benutzten fiktiven Kosten gelegen haben dürften. Dieser Gedankengang läßt sich je nach Bohrhammerklasse sowohl in Richtung auf kleinere, als auch auf größere Schneidendurchmesser ausweiten.

Die Schlußfolgerung daraus muß demnach lauten: Da es für jeden Bohrhammer einen praktischen Mindestdurchmesser der Bohrstange und damit auch der Schneide gibt und es durch Auswahl entsprechender Bohrhämmer möglich ist, praktisch bei jedem gebräuchlichen Schneidenkaliber hohe Bohrgeschwindigkeiten zu erreichen, ist es zweckmäßig, den Bohrlochdurchmesser nach dem optimalen Patronendurchmesser festzulegen. Dieser beträgt bei Verwendung von Ammon-Gelit 3 in den im Bergbau unter Tage üblichen Streckenquerschnitten 22 ... 30 mm Ø, wobei der kleinste Durchmesser für Ausbruchquerschnitte unter 4 m^2, der größte über ca. 18 m^2 optimal ist (siehe Abb. 43).

Die <u>Sprengstoffart</u> beeinflußt das Kaliber über die ihr innewohnende Sprengenergie. Durch Konzentration der Sprengenergie auf ein kleineres Sprengstoffvolumen wird sich der optimale Patronendurchmesser auf einen geringeren Wert verlagern und damit infolge eines geringeren erforderlichen

Bohrlochdurchmessers eine Erhöhung der Bohrgeschwindigkeit und (wegen gleichbleibender Lochzahl) eine Senkung der Bohrkosten möglich sein.

Zweifellos vorhandene Beziehungen zwischen Ladedichte und optimalen Patronen- und Bohrlochdurchmesser können hier nur angedeutet werden, da sie nicht Gegenstand der in vorliegender Arbeit beschriebenen Untersuchungen waren. Qualitativ ist einleuchtend, daß der optimale Bohrlochdurchmesser umso kleiner wird, je größer die Ladedichte ist. Wie die quantitativen Verhältnisse sind, bedarf besonderer Untersuchungen.

6. Zusammenfassung

Vorstehende Arbeit befaßt sich mit Untersuchungen zur Frage des optimalen Bohrloch- und Patronendurchmessers. Nach ausführlicher Darstellung der im Schrifttum vertretenen, z. T. stark widersprechenden Anschauungen werden die Grundsätze der Versuchsplanung entwickelt.

Wegen der beim Betriebsversuch unvermeidlichen engen Verzahnung der Kaliberfrage mit vielen anderen wesentlichen Einflußgrößen erwies sich die Vorschaltung von bohr- und schießtechnischen Vorversuchen als zweckmäßig. Diese gewährleisten eine höhere Konstanz der Versuchsbedingungen und ermöglichen, die isolierten Einflüsse willkürlich einzeln zu verändern und genau zu messen. Von den zum Vergleich herangezogenen Werten wurde verlangt, daß sie unter Optimalbedingungen erhalten wurden und reproduzierbar sind.

Die Bohruntersuchungen wurden mit einem speziell entwickelten Vorschubgerät durchgeführt. Ein Vergleich der bei den Schneidendurchmessern 28 - 32 - 36 - 42 mm und optimaler Vorschubkraft erzielten Bohrgeschwindigkeiten ergibt im Untersuchungsbereich für 3 verschiedene Gesteine und verschiedene Preßluftdrücke geradlinige Beziehungen zwischen Bohrgeschwindigkeit und Schneidenkaliber. Die Steigung der Geraden wird umso größer, je höher die Bohrgeschwindigkeit bei einem bestimmten Kaliber ist.

Die relativen Bohrwerte dagegen erreichen bei allen Versuchsreihen annähernd die gleichen Größen. Auf ihren Mittelwerten basierend wird ein Nomogramm angegeben, daß bei Kenntnis der bei einem bestimmten Kaliber erreichten Bohrgeschwindigkeit die unmittelbare Ablesung der Bohrgeschwindigkeit bei jedem anderen Schneidendurchmesser gestattet.

dieses bei einem bestimmten Schneidendurchmesser sein Maximum erreicht. Dieser optimale Durchmesser kann aus der Bohrgeschwindigkeitsfunktion mathematisch abgeleitet werden. Wie Bohrkleinuntersuchungen beweisen, wird bei dem optimalen Schneidendurchmesser auch das gröbste Bohrklein erzielt. Der Vergleich der spezifischen Verschleißwerte bei den verschiedenen Schneidenkalibern läßt keine eindeutige Beziehungen zwischen ihnen erkennen.

Die schießtechnischen Vorversuche wurden in einer speziellen Mehrschußanordnung durchgeführt, nachdem sich gezeigt hatte, daß Einzelschüsse in dem Untersuchungsgestein keine reproduzierbaren Ergebnisse erbringen. Bei den Versuchen in Mehrschußanordnung ergaben sich eindeutige Optimalwerte, die durch Lochabstand und Verspannung bestimmt sind. Der optimale Patronendurchmesser wird um so größer, je größer die Ortsabmessungen sind. Bei den Versuchen selbst ergab er sich zu 25 mm Ø.

Die Betriebsversuche in der Strecke bestätigen die aufgrund der Vorversuche z. T. theoretisch abgeleiteten Zusammenhänge. Das gilt insbesondere für den optimalen Patronendurchmesser, wie er sich unter Betrachtung des spezif. Sprengstoffverbrauches ergibt. Das Minimum der kaliberabhängigen Gesamtkosten ergab sich im Kniest (6 m^2 Ausbruchsquerschnitt) bei einem Patronendurchmesser von 22 mm, im Schiefer (7,2 m^2) bei 25 mm Ø.
Die mit größeren Kalibern erreichbaren größeren Abschlagtiefen und Ausbruchsmengen sind also wirtschaftlich nicht ausnutzbar. Dies ist im wesentlichen auf die stark mit dem Schneidendurchmesser steigenden Bohrkosten zurückzuführen.

In größeren Streckenquerschnitten werden sich die optimalen Kaliber zu höheren Werten verschieben. Dabei spielen außerdem noch einige andere Faktoren (Bohrgezähe, Sprengstoffart, Ladedichte) eine entscheidende Rolle. Diese Einflußgrößen werden kurz erörtert.

Dipl.-Ing. Ludwig HAHN, Clausthal-Zellerfeld

7. Literaturverzeichnis

[1] AGANBEKOW, K. I. — Schneller Streckenvortrieb im Kusnezkbecken. Mech. zeitr. schw. Arb., Moskau, 9 (1955) Nr. 3 S. 25/28

[2] AHRENFELT, F. u.a. — Om kortintervallsprängning vid Väg- och Vattenbyggnadsverket. (Über das Millisekundenschießen bei Weg- und Wasserbauarbeiten) Medd. Jernk. tekn. Råd Nr. 178 G Bd. 14 (1952) S. 427/57

[3] AHRENS, H. — Prüfung, Entwicklung und Forschung bei Sprengstoffen für den Steinkohlenbergbau in verschiedenen Ländern. Nobel Hefte 19 (1953) S. 45/61

[4] AHRENS, H. — Wettersprengstoffe in detonationsphysikalischer Betrachtung. Nobel Hefte 19 (1953) S. 89/105

[5] ARNOLD, W. — Untersuchungen über das Verhalten der Detonationsgeschwindigkeit beim Schiessen in verschiedenen Gesteinen. Freiberger Forschungshefte, Reihe A, H. 19 (Jan. 1954)

[6] ASSONOW, W. A. — Schießarbeiten. 2. Aufl., Moskau: Ugletechisdat 1953

[7] AUDIBERT, P. — Les ruptures de burins en perforation percutante. Rev. ind. miner.,März 1950, Nr. 554 S. 240/48

[8] BAUSCH, T. — Bohr- und schießtechnische Gesichtspunkte für die Festlegung des wirtschaftlichsten Bohrloch- und Patronendurchmessers. Sprengtechnik 1 (1952) Nr. 1/2 S. 12/15

[9] BECKER, F. — Aus der Praxis neuzeitlicher Stollenvortriebe im Tiefbau. Nobel Hefte 5 (1930) H. 5 S. 65/92

[10] BRIGGS, H. — Percussive drilling bits. Coll. Engg. 4 (1927) S. 97/98, 113

[11] BRUN, M. L. — Essais comparatifs de bouchons canadiens (Burn Cut) avec trous de gros et de petits diamètres à la Règie des Mines de la Sarre. Rev. ind. miner. 1950 Nr. 555 S. 362/79

[12] COEUILLET, M. — L'èvolution de la foration au rocher dans les Houillères lorraines. Rev. ind. miner. 1950 Nr. 554 S.270/93

[13] COEUILLET, M. — Etude cyclique de la foration percutante. Rev. ind. miner. 32 (1951) Nr.572 S. 235/66

[14] DORSTEWITZ, G. — Stand und Aufgaben der Gesteinsbohrtechnik unter besonderer Berücksichtigung des schlagenden Bohrens. Erzmetall 3 (1950) S. 351/70

[15] DORSTEWITZ, G. — Gesichtspunkte für die zweckmäßige Durchführung der bergmännischen Bohrarbeit. Glückauf 90 (1954) S. 1052/73

[16] EVERTSBUSCH, H. — Neue Erkenntnisse für das Einbruchschießen in Gesteinsbetrieben und ihre Bedeutung für die Praxis durch Auswertung von Schußtafeln mit Hilfe von Richtgeräten. Glückauf 81 (1945) Nr. 2 S. 17/24

[17] EYRING, H., R.E. POWELL, G.H. DUFFEY, und R.B. PARLIN, — The Stability of Detonation. Chem. Rev. 45 (1949) S. 69/181

[18] FAIRHURST, C. und J.B. PROCTOR, — Some Basic Principles of Rock Drilling. Sheffield University Magazine, Juli 1954

[19] FETTWEIS, G. — Amerikanische Versuche über den Einfluß des Patronendurchmessers auf die Sprengfähigkeit von Dynamit. Glückauf 87 (1951) S. 975/76

[20] FISCHER, G. — Merkblatt für die Durchführung der Bohr- und Schießarbeit beim Gesteinsstreckenvortrieb im Ruhrkohlenbergbau. Bergbau-Archiv 1 (1946) S. 233/44

[21] FISCHER, G. — Betrachtungen zur Schießarbeit beim Gesteinsstreckenvortrieb. Glückauf 90 (1954) S, 1111/20

[22] FISCHER, G. — Schießarbeit in Ausrichtungsbetrieben und ihre Bedeutung für die Auffahrgeschwindigkeit. Bergbau-Rundschau 7 (1955) H.1 S.1/17

[23] FRAENKEL, K. H. Bergsprängning.
Handboken BYGG, Stockholm:Byggmästarens 1948

[24] FRAENKEL, K. H. Bergsprängningsproblem.
Stockholm: Nordisk Rotogravyr 1944

[25] FRAENKEL, K. H. Auf Sprengarbeiten einwirkende Faktoren.
In: Handbuch für Sprengarbeiten,
S. 6:02-1/38, Stockholm 1952

[26] GALANKA, J. Analyse der Schießtechnik in den Gruben.
Przeglad Górniczy 5 (1949) Nr. 5
S. 505/18

[27] GROSS Sprengarbeit im Tonbergbau der Westerwerke in Witterschlick.
Nobel Hefte 20 (1954) S. 24/28

[28] HACKENSCHMIDT, G. Bohrversuche mit kleinkalibrigen Bohrschneiden in der Lagerstätte des Erzbergwerkes Rammelsberg.
Bergm. Meldearbeit (unveröffentlicht) Clausthal 1949

[29] HAHN, L. Der Andruck beim schlagenden Bohren unter besonderer Berücksichtigung der Druckluft_Bohrstütze.
Mitt. FBS, 1. Folge (1954) S. 19/25

[30] HAHN, L. Das Berechnen von bergmännischen Sprengladungen.
Mitt. FBS, 2. Folge (1954) S. 67/80

[31] HAHN, L. Die Andruckkurve des Bohrhammers.
Mitt. GFBS, 3. Folge (1955) S. 39/52

[32] HAHN, L. Das Millisekundenschießen.
Nobel Hefte 22 (1956) H. 1 S. 1/40

[33] HERZBRUCH, P. Untersuchungen über die Möglichkeit der Verwendung eines kleinkalibrigen Schlagbohrers im Erzbergbau sowie über dessen technische und wirtschaftliche Auswirkungen.
Diplomarbeit (unveröffentlicht) Aachen 1948

[34] HOWELL, S. P. und J.E. CRAWSHAW, The effect of cartridge diameter on the strength and sensitiveness of certain high explosives.
Bur. Min. R. I. Nr. 2436 (1923)

[34a] HUSTON, E. F. — How to install roof bolts. Coal Age 59 (1954) Juni, S. 98/100

[35] JAHN, R. — Erfahrungen beim schlagenden Bohren mit Hartmetall-Bohrwerkzeugen auf Ruhrzechen. In: Mechanisches Auffahren von Strecken S. 32/41, Essen: Verlag Glückauf 1950

[36] JANELID, I. — Kortintervalltändning - en ny metod för bergsprängning (Millisekundenzündung - ein neues Sprengverfahren) Tekn. Tidskr. 80 (1950) S. 717/22

[37] JANELID, I. — Drilling practice in Swedish mining. Min. Engg. 199 (1954), S. 613/26

[38] JESCHKE, H. — Betrachtungen über die Verbindung zwischen Bohrkrone und Gestänge. Metall und Erz 41 (1944) Nr. 19-24 S. 241

[39] JESCHKE, H. — Wirtschaftlichkeitsfragen beim Hartmetall-Gesteinsbohren. Erzmetall 1 (1948) S. 168/76

[40] JOHANSSON, C. H. — Detonikforskning inom bergsprängningstekniken (Detonationsforschung im Rahmen der bergmännischen Sprengtechnik) Vortrag beim NIM 4 in Helsingfors, Juni 1951

[41] JOHANSSON, C. H. — Laddning av borrhål (Das Laden von Bohrlöchern) Tekn. Tidskr. 85 (1955) Nr. 2 S.25/32

[42] JOHNSON, J. F. — Bohrprobleme beim Gesteinsstreckenvortrieb unter Tage. Min. Congr. J., 37, Jan. 1951,S.24/26, 36

[43] KLUBNITSCHKIN, K.F. und G. M. RIWKIN — Die Abhängigkeit der Bohrgeschwindigkeitvom Bohrlochdurchmesser. Gorny Journal 1949, Nr. 10 S. 12/14

[44] KOJFMAN, D. I. — Erfahrungen über die Verwendung von Patronen größeren Durchmessers. Ugol 30 (1955) Nr. 2. S. 41/42

[45] KOSCHULKO, P. M. — Die Abhängigkeit der Bohrgeschwindigkeit vom Schneidendurchmesser. Nachr. der kasachstanischen Zweigstelle der Akademie der Wissenschaften der UdSSR 22 (1946), Ausgabe 1, S. 44

[46] KOTZ, O. Der Hartmetall-Gesteinsbohrer mit kleinstem Kaliber. Montan-Rdsch. 3 (1955) Nr. 9 S. 201

[47] KRAUME, E. Banderz und vererzter Kniest, die sogenannten Armerze der Rammelsberger Lagerstätte. Erzmetall VI (1953) S. 45/51

[48] KUHN, G. und H. KÄUFER Über die Beeinflussung des reaktionskinetischen Geschehens bei Sprengstoffen durch Behandlung von Kristalloberflächen mit oberflächenaktiven Stoffen. Nobel Hefte 20 (1954) Nr. 4 S. 97/116

[49] LANGEFORS, U. Berechnung von Ladungen beim Strossenabbau und Strossen. In: Handbuch für Sprengarbeiten, S. 6: 05-2/44 Stockholm 1954

[50] LANGEFORS, U. Laddningsberäkning vid pallsprängning. (Ladungsberechnung beim Strossensprengen) Tekniska Meddelanden Nr. 1 Gyttorp: Nitroglyzerin AB 1953

[51] LANGEFORS, U. Principer för tunnelsprängning (Grundsätze für den Tunnelvortrieb) Tekn. Tidskr. 84 (1954) S. 593/6o2

[52] LARES, H. Zur Frage der genaueren Berechnung der bergmännischen Sprengladungen. Z. ges. Schieß- und Sprengstoffwesen 28 (1933) S. 105,146,181,206,250.

[53] LATHAN, G. Sprengstoffe und Zündmittel im Erzbergbau. Leipzig: Fachbuchverlag 1953

[54] LATHAN, G. Stellungnahme zum Aufsatz "Gasdruck oder Detonationsdruck". Bergbautechnik 4 (1954) H. 7 S.404/06

[55] LIMPER, F. R. Untersuchungen zur Rationalisierung des Abbaustreckenvortriebs auf der Schachtanlage Ver. Stein-Hardenberg. Diplomarbeit (unveröffentlicht) Clausthal 1951

[56] MAGOITSCHENKOW, M.A. Über die Zweckmäßigkeit der Verwendung von Sprengpatronen größeren Durchmessers im Bergbau. Ugol 29 (1954) Nr. 4 S. 10/14

[57] MEDWEDKO, A. I. — Die Bohrformel. Gorny Journal 1946 Nr. 11 u. 12

[58] MINDELI, E. O. — Einige Fragen der Bohr- und Schießarbeit beim Schachtabteufen. Ugol 1952, Nr. 3 S. 12/16

[59] MORHENN, E. — Ergebnisse von Sprengversuchen und Betrachtungen über die Detonation von Sprengstoff in Bohrlöchern in bergbaulichen Betrieben. Nobel Hefte 20 (1954) S. 1/23

[60] MONDANEL, M. — La perforation percutante dans le creusement des bowettes. Rev. ind. miner. 31 (1950) S. 294/324

[61] MOSTKOW, W. M. — Grundlagen der Theorie des pneumatischen Bohrens. Ugletechizdat: Moskau 1952

[62] MOSTKOW, W. M. — Der Zusammenhang zwischen Bohrgeschwindigkeit und Schneidendurchmesser. Berichte der Akademie der Wissenschaften der UdSSR 89 (1953) Nr. 5 S.797/98

[63] MUCHIN, L. W. — Der Einfluß des Bohrlochdurchmessers auf die Bohrgeschwindigkeit. Gorny Journal 1950 Nr. 12 S. 22/24

[64] MÜLLER, L. — Zur Frage des Bohrkalibers. Metall & Erz 41 (1944) S. 241/42

[65] MÜLLER, O. und H. WÖHLBIER — Einfluß der Bohrschneidenform auf die Gestalt des Bohrloches. Glückauf 69 (1953) S. 706/08

[66] NILSSON, A. — Von den physikalischen Eigenschaften der Sprengstoffe. In: Handbuch für Sprengarbeiten, S. 16 : o1-2/8 Stockholm 1952

[67] OHNESORGE, A. — Probleme der Schießarbeit im Bergbau. Vortrag vor dem U. A. "Bohren und Schießen" am 3.3.1953 in Goslar.

[68] OSIPOW, S. N. — Zur Festlegung der optimalen Tiefe von Sprenglöchern beim Abteufen seigerer Schächte. Ugol 1955 Nr. 5 S. 24/29

[69] PEARSE, G. E. — Rock blasting. S. Afr. Min. J. 66 I (1955) Nr. 3244 S. 249/55

Rock blasting: Some aspects on the theory and practice.
Mine & Quarry Engg, 21 (1955) Nr. 1 S. 25/30

[70] PODKOLSIN, P. S. und A.P. PAWLJUTKIN
Erfahrungen mit Sprenglöchern und Patronen größeren Durchmessers.
Gorny Journal 1952 Nr. 1 S. 14/15

[71] RAUCH, P.
Kritische Erörterung über den Einfluß des Hohlraumes auf die wirtschaftliche Arbeitsleistung fester und Flüssigluftsprengstoffe bei besonderer Berücksichtigung der für den Kalibergbau gegebenen Verhältnisse.
Darmstadt: Selbstverlag 1927

[72] RICHARDSON, J. B.
Metal Mining Devellopments.
Min. Journ. Mai (1954) S. 73/81

[73] ROTH, J. F.
Verbrennung, Initiierung, Detonation und Explosion.
Nobel Hefte 20 (1954) Nr. 2 S. 29/46

[74] RUDROFF, A.
Der erfolgssichere Bohr- und Schießplan.
Bergbau-Wiss. 1 (1954) Nr. 9 S. 259/72

[75] RZEHULKA, F.
Der Einfluß des Patronendurchmessers auf den Detonationsvorgang.
Z. ges. Schieß- und Sprengstoffw. 32 (1937) S. 98/99

[76] SCHALL, R.
Die Initiierungsempfindlichkeit von Sekundärsprengstoffen.
Nobel Hefte 20 (1954) Nr. 3 S. 75/79

[77] SCHALL, R.
Röntgenblitzuntersuchungen bei Sicherheitssprengstoffen.
Nobel Hefte 21 (1955) Nr. 1 S. 1/10

[78] SCHISCHOW, E. L. und DUBININ, N.N.
Unausgenützte Zeitreserven beim Abteufzyklus.
Ugol 29 (1954) Nr. 8 S. 40/43

[79] SCHMIDT, A.
Über die Ermittlung der Sprengkraft detonierender Explosivstoffe nach der Methode des ballistischen Pendels.
Nobel Hefte 21 (1955) Nr. 1 S. 13/24

[80] Firma Schoeller-Bleckmann
Phönixit Hartmetall Gesteinsbohrer.
Wien: Firmenschrift 1950

[81] SCHRAJMAN, L. J. und G. A. SCHAMRAJ,
Über die Dauer von Bohr- und Schießarbeiten bei Verwendung von Sprengpatronen größeren Durchmessers.
Ugol 30 (1955) Nr. 4 S. 12/15

[82] SHAFFER, L. E. und C. H. NOREN — The influence of cartridge diameter on the effectiveness of dynamite. Publ. of Miss. School of Mines and Miss. State Min. Expl.Station, Rolla (Miss.)1948

[83] SIMPSON, D. N. und V. S. PARRY — Percussive drilling in hard rocks. Iron & Coal 163 (1951) Nr. 4346 S. 173 /78, 184, Nr. 4347 S. 239/43

[85] STETTBACHER, A. — Spreng- und Schießstoffe. Zürich: Rascher 1948

[86] STOJEW, J. S. — Abteufen eines Förderschachtes für Gestellförderung mit einer monatlichen Leistung von durchschnittlich 60 m. Mech. zeitr. schw. Arb. (Moskau) 1954, H. 2 S. 19/23

[87] SUCHANOW, A. F. — Das Bohren und Schießen im Gestein Moskau: Gostoptechisdat 1940

[88] TAYLOR, J. — Mechanism of blasting of coal and rock, Coll. Guard. 177 (1948) Nr. 4887 S. 777/81

[89] TCHOULAKIAN, H. — L'équipement des galeris d' avancement au rocher. Charbonnages de France, Note Technique 6 (1948) S. 1/67 (Okt. 1949)

[90] TERPIGOREW, A. M. und N. A. JARZEW — Handbuch für den Erzbergbau. Bd. III (S. 63/65, 191) Berlin: Technik 1954

[91] TRAUTZL, K. — Sprengstoffe. In: Handbuch für Sprengarbeiten, S. 16 : 03 - 2/26 Stockholm 1952

[92] — Über den Einfluß des Patronendurchmessers auf die Übertragungsfähigkeit und Detonationsgeschwindigkeit von Dynamit Nobel Hefte 4 (1929) H. 2 S. 24/26

[93] URBANSKI, T. — Einiges über das Verhalten der Sprengstoffe im Bohrloch. Z. Oberschl. Berg-u. Hüttenm. Verein 1926, H. 4 S. 217/23

[94] VOSS, K. H. — Kritische Untersuchungen und Betrachtungen über das Drehschlagbohren. Bergfreiheit 19 (1954) Nr. 10 S.413/19 Nr. 11 S.479/88

[95] WALLIN, S. — Berechnung des Zeitaufwandes für Bohren und Sprengen. In: Handbuch für Sprengarbeiten, S. 6 : 04 - 2/24 Stockholm 1954

[96] WEDDIGE, A. — Über das zweckmäßige Ansetzen der Bohrlöcher beim Vortrieb von Gesteinsstrekken kleiner Querschnitte im Bergbau. Nobel Hefte 7 (1932) H. 4 S. 52/62

[97] WEDDIGE, A. — Die Sprengarbeit beim Gesteinsstreckenvortrieb unter Tage. Dissertation Aachen 1933

[98] WEDDIGE, A — Der Einfluß des Querschnittes auf Sprengstoffverbrauch, Leistung, Vortrieb und Kosten des untertägigen Gesteinsstreckenvortriebes. Nobel Hefte 8 (1933) S. 75/83

[99] WEDDIGE, A. — Einzelbeobachtungen und Versuche aus der Praxis des untertägigen Gesteinsstreckenvortriebes. Nobel Hefte 9 (1934) H. 3 S. 37/48

[100] WEDDIGE, A. — Die planmäßige Arbeitsweise beim untertägigen Gesteinsstreckenvortrieb, ihre Anforderungen an die Sprengarbeit, ihr Einfluß auf Vortrieb und Leistung und ihre praktische Durchführung. Nobel Hefte 10 (1935) H. 4 S. 61/70

[101] WEICHELT, F. — Handbuch der gewerblichen Sprengtechnik, Halle/Saale: Marhold 1949

[102] WESTWATER, J. S. — Fragmentation with Carbide Bits Eng. & Min. J. 150 (1949) Nr. 5 S.80

[103] WRIGHT, F. D., E. E. BURGH und B. C. BROWN — Blasting research at the Bureau of Mines Oil-Shale Mine. U. S. Bur. Min. R. I.4956 (April 1953)

[104] ZARIZYN, W. W. — Theorie und Berechnung des schlagenden Bohrens. Gorny Journal Moskau 122 (1948), H. 8 S. 18/26

[105] ZEPPERNICK, G. — Entwicklungsrichtung des schlagenden Bohrens mit Hartmetall im Ruhrbergbau. In: Das Auffahren von Gesteinsstrecken S. 43/47 Essen: Glückauf 1949

FORSCHUNGSBERICHTE DES WIRTSCHAFTS- UND VERKEHRSMINISTERIUMS NORDRHEIN-WESTFALEN

Herausgegeben von Staatssekretär Prof. Dr. h. c. Leo Brandt

HEFT 1
Prof. Dr.-Ing. E. Flegler, Aachen
Untersuchungen oxydischer Ferromagnet-Werkstoffe
1952, 20 Seiten, DM 6,75

HEFT 2
Prof. Dr. W. Fuchs, Aachen
Untersuchungen über absatzfreie Teeröle
1952, 32 Seiten, 5 Abb., 6 Tabellen, DM 10,—

HEFT 3
Techn.-Wissenschaftl. Büro für die Bastfaserindustrie, Bielefeld
Untersuchungsarbeiten zur Verbesserung des Leinenwebstuhls
1952, 44 Seiten, 7 Abb., 3 Tabellen, DM 12,50

HEFT 4
Prof. Dr. E. A. Müller und Dipl.-Ing. H. Spitzer, Dortmund
Untersuchungen über die Hitzebelastung in Hüttenbetrieben
1952, 28 Seiten, 5 Abb., 1 Tabelle, DM 9,—

HEFT 5
Dipl.-Ing. W. Fister, Aachen
Prüfstand der Turbinenuntersuchungen
1952, 40 Seiten, 30 Abb., 3 Schaltbilder, DM 1,—

HEFT 6
Prof. Dr. W. Fuchs, Aachen
Untersuchungen über die Zusammensetzung und Verwendbarkeit von Schwelteerfraktionen
1952, 36 Seiten, DM 10,50

HEFT 7
Prof. Dr. W. Fuchs, Aachen
Untersuchungen über emsländisches Petrolatum
1952, 36 Seiten, 1 Abb., 17 Tabellen, DM 10,50

HEFT 8
M. E. Meffert und H. Stratmann, Essen
Algen-Großkulturen im Sommer 1951
1953, 52 Seiten, 4 Abb., 20 Tabellen, DM 9,75

HEFT 9
Techn.-Wissenschaftl. Büro für die Bastfaserindustrie, Bielefeld
Untersuchungen über die zweckmäßige Wicklungsart von Leinengarnkreuzspulen unter Berücksichtigung der Anwendung hoher Geschwindigkeiten des Garnes
Vorversuche für Zetteln und Schären von Leinengarnen auf Hochleistungsmaschinen
1952, 48 Seiten, 7 Abb., 7 Tabellen, DM 9,25

HEFT 10
Prof. Dr. W. Vogel, Köln
„Das Streifenpaar" als neues System zur mechanischen Vergrößerung kleiner Verschiebungen und seine technischen Anwendungsmöglichkeiten
1953, 20 Seiten, 6 Abb., DM 4,50

HEFT 11
Laboratorium für Werkzeugmaschinen und Betriebslehre, Technische Hochschule Aachen
1. Untersuchungen über Metallbearbeitung im Fräsvorgang mit Hartmetallwerkzeugen und negativem Spanwinkel
2. Weiterentwicklung des Schleifverfahrens für die Herstellung von Präzisionswerkstücken unter Vermeidung hoher Temperaturen
3. Untersuchung von Oberflächenveredlungsverfahren zur Steigerung der Belastbarkeit hochbeanspruchter Bauteile
1953, 80 Seiten, 61 Abb., DM 15,75

HEFT 12
Elektrowärme-Institut, Langenberg (Rhld.)
Induktive Erwärmung mit Netzfrequenz
1952, 22 Seiten, 6 Abb., DM 5,20

HEFT 13
Techn.-Wissenschaftl. Büro für die Bastfaserindustrie, Bielefeld
Das Naßspinnen von Bastfasergarnen mit chemischen Zusätzen zum Spinnbad
1953, 52 Seiten, 4 Abb., 19 Tabellen, DM 10,—

HEFT 14
Forschungsstelle für Acetylen, Dortmund
Untersuchungen über Aceton als Lösungsmittel für Acetylen
1952, 64 Seiten, 10 Abb., 26 Tabellen, DM 12,25

HEFT 15
Wäschereiforschung Krefeld
Trocknen von Wäschestoffen
1953, 48 Seiten, 14 Abb., 2 Tabellen, DM 9,—

HEFT 16
Max-Planck-Institut für Kohlenforschung, Mülheim a. d. Ruhr
Arbeiten des MPI für Kohlenforschung
1953, 104 Seiten, 9 Abb., DM 17,80

HEFT 17
Ingenieurbüro Herbert Stein, M.-Gladbach
Untersuchung der Verzugsvorgänge in den Streckwerken verschiedener Spinnereimaschinen. 1. Bericht: Vergleichende Prüfung mit verschiedenen Dickenmeßgeräten
1952, 36 Seiten, 15 Abb., DM 8,—

HEFT 18
Wäschereiforschung Krefeld
Grundlagen zur Erfassung der chemischen Schädigung beim Waschen
1953, 68 Seiten, 15 Abb., 15 Tabellen, DM 12,75

HEFT 19
Techn.-Wissenschaftl. Büro für die Bastfaserindustrie, Bielefeld
Die Auswirkung des Schlichtens von Leinengarnketten auf den Verarbeitungswirkungsgrad, sowie die Festigkeit und Dehnungsverhältnisse der Garne und Gewebe
1953, 48 Seiten, 1 Abb., 9 Tabellen, DM 9,—

HEFT 20
Techn.-Wissenschaftl. Büro für die Bastfaserindustrie, Bielefeld
Trocknung von Leinengarnen I
Vorgang und Einwirkung auf die Garnqualität
1953, 62 Seiten, 18 Abb., 5 Tabellen, DM 12,—

HEFT 21
Techn.-Wissenschaftl. Büro für die Bastfaserindustrie, Bielefeld
Trocknung von Leinengarnen II
Spulenanordnung und Luftführung beim Trocknen von Kreuzspulen
1953, 66 Seiten, 22 Abb., 9 Tabellen, DM 13,—

HEFT 22
Techn.-Wissenschaftl. Büro für die Bastfaserindustrie, Bielefeld
Die Reparaturanfälligkeit von Webstühlen
1953, 28 Seiten, 7 Abb., 5 Tabellen, DM 5,80

HEFT 23
Institut für Starkstromtechnik, Aachen
Rechnerische und experimentelle Untersuchungen zur Kenntnis der Metadyne als Umformer von konstanter Spannung auf konstanten Strom
1953, 52 Seiten, 20 Abb., 4 Tafeln, DM 9,75

HEFT 24
Institut für Starkstromtechnik, Aachen
Vergleich verschiedener Generator-Metadyne-Schaltungen in bezug auf statisches Verhalten
1952, 44 Seiten, 23 Abb., DM 8,50

HEFT 25
Gesellschaft für Kohlentechnik mbH., Dortmund-Eving
Struktur der Steinkohlen und Steinkohlen-Kokse
1953, 58 Seiten, DM 11,—

HEFT 26
Techn.-Wissenschaftl. Büro für die Bastfaserindustrie, Bielefeld
Vergleichende Untersuchungen zweier neuzeitlicher Ungleichmäßigkeitsprüfer für Bänder und Garne hinsichtlich ihrer Eignung für die Bastfaserspinnerei
1953, 64 Seiten, 30 Abb., DM 12,50

HEFT 27
Prof. Dr. E. Schratz, Münster
Untersuchungen zur Rentabilität des Arzneipflanzenanbaues Römische Kamille, Anthemis nobilis L.
1953, 16 Seiten, 1 Tabelle, DM 3,60

HEFT 28
Prof. Dr. E. Schratz, Münster
Calendula officinalis L. Studien zur Ernährung, Blütenfüllung und Rentabilität der Drogengewinnung
1953, 24 Seiten, 2 Abb., 3 Tabellen, DM 5,20

HEFT 29
Techn.-Wissenschaftl. Büro für die Bastfaserindustrie, Bielefeld
Die Ausnützung der Leinengarne in Geweben
1953, 100 Seiten, 14 Abb., 10 Tabellen, DM 17,80

HEFT 30
Gesellschaft für Kohlentechnik mbH., Dortmund-Eving
Kombinierte Entaschung und Verschwelung von Steinkohle; Aufarbeitung von Steinkohlenschlämmen zu verkokbarer oder verschwelbarer Kohle
1953, 56 Seiten, 16 Abb., 10 Tabellen, DM 10,50

HEFT 31
Dipl.-Ing. A. Stormanns, Essen
Messung des Leistungsbedarfs von Doppelsteg-Kettenförderern
1954, 54 Seiten, 18 Abb., 3 Anlagen, DM 11,—

HEFT 32
Techn.-Wissenschaftl. Büro für die Bastfaserindustrie, Bielefeld
Der Einfluß der Natriumchloridbleiche auf Qualität und Verwebbarkeit von Leinengarnen und die Eigenschaften der Leinengewebe unter besonderer Berücksichtigung des Einsatzes von Schützen- und Spulenwechselautomaten in der Leinenweberei
1953, 64 Seiten, 2 Abb., 12 Tabellen, DM 11,50

HEFT 33
Kohlenstoffbiologische Forschungsstation e. V.
Eine Methode zur Bestimmung von Schwefeldioxyd und Schwefelwasserstoff in Rauchgasen und in der Atmosphäre
1953, 32 Seiten, 8 Abb., 3 Tabellen, DM 6,50

HEFT 34
Textilforschungsanstalt Krefeld
Quellungs- und Entquellungsvorgänge bei Faserstoffen
1953, 52 Seiten, 13 Abb., 13 Tabellen, DM 9,80

WESTDEUTSCHER VERLAG · KÖLN UND OPLADEN

HEFT 35

Professor Dr. W. Kast, Krefeld

Feinstrukturuntersuchungen an künstlichen Zellulosefasern verschiedener Herstellungsverfahren. Teil I: Der Orientierungszustand

1953, 74 Seiten, 30 Abb., 7 Tabellen, DM 13,80

HEFT 36

Forschungsinstitut der feuerfesten Industrie, Bonn

Untersuchungen über die Trocknung von Rohton

Untersuchungen über die chemische Reinigung von Silika- und Schamotte-Rohstoffen mit chlorhaltigen Gasen

1953, 60 Seiten, 5 Abb., 5 Tabellen, DM 11,—

HEFT 37

Forschungsinstitut der feuerfesten Industrie, Bonn

Untersuchungen über den Einfluß der Probenvorbereitung auf die Kaltdruckfestigkeit feuerfester Steine

1953, 40 Seiten, 2 Abb., 5 Tabellen, DM 7,80

HEFT 38

Forschungsstelle für Acetylen, Dortmund

Untersuchungen über die Trocknung von Acetylen zur Herstellung von Dissousgas

1953, 36 Seiten, 11 Abb., 3 Tabellen, DM 6,80

HEFT 39

Forschungsgesellschaft Blechverarbeitung e. V., Düsseldorf

Untersuchungen an prägegemusterten und vorgelochten Blechen

1953, 46 Seiten, 34 Abb., DM 9,50

HEFT 40

Landesgeologe Dr.-Ing. W. Wolff, Amt für Bodenforschung, Krefeld

Untersuchungen über die Anwendbarkeit geophysikalischer Verfahren zur Untersuchung von Spateisengängen im Siegerland

1953, 46 Seiten, 8 Abb., DM 8,80

HEFT 41

Techn.-Wissenschaftl. Büro für die Bastfaserindustrie, Bielefeld

Untersuchungsarbeiten zur Verbesserung des Leinenwebstuhles II

1953, 40 Seiten, 4 Abb., 5 Tabellen, DM 7,80

HEFT 42

Professor Dr. B. Helferich, Bonn

Untersuchungen über Wirkstoffe — Fermente — in der Kartoffel und die Möglichkeit ihrer Verwendung

1953, 58 Seiten, 9 Abb., DM 11,—

HEFT 43

Forschungsgesellschaft Blechverarbeitung e. V., Düsseldorf

Forschungsergebnisse über das Beizen von Blechen

1953, 48 Seiten, 38 Abb., 2 Tabellen, DM 11,30

HEFT 44

Arbeitsgemeinschaft für praktische Dehnungsmessung, Düsseldorf

Eigenschaften und Anwendungen von Dehnungsmeßstreifen

1953, 68 Seiten, 43 Abb., 2 Tabellen, DM 13,70

HEFT 45

Losenhausenwerk Düsseldorfer Maschinenbau AG., Düsseldorf

Untersuchungen von störenden Einflüssen auf die Lastgrenzenanzeige von Dauerschwingprüfmaschinen

1953, 36 Seiten, 11 Abb., 3 Tabellen, DM 7,25

HEFT 46

Prof. Dr. W. Fuchs, Aachen

Untersuchungen über die Aufbereitung von Wasser für die Dampferzeugung in Benson-Kesseln

1953, 58 Seiten, 18 Abb., 9 Tabellen, DM 11,20

HEFT 47

Prof. Dr.-Ing. K. Krekeler, Aachen

Versuche über die Anwendung der induktiven Erwärmung zum Sintern von hochschmelzenden Metallen sowie zur Anlegierung und Vergütung von aufgespritzten Metallschichten mit dem Grundwerkstoff

1954, 66 Seiten, 39 Abb., DM 13,90

HEFT 48

Max-Planck-Institut für Eisenforschung, Düsseldorf

Spektrochemische Analyse der Gefügebestandteile in Stählen nach ihrer Isolierung

1953, 38 Seiten, 8 Abb., 5 Tabellen, DM 7,80

HEFT 49

Max-Planck-Institut für Eisenforschung, Düsseldorf

Untersuchungen über Ablauf der Desoxydation und die Bildung von Einschlüssen in Stählen

1953, 52 Seiten, 19 Abb., 3 Tabellen, DM 12,40

HEFT 50

Max-Planck-Institut für Eisenforschung, Düsseldorf

Flammenspektralanalytische Untersuchung der Ferritzusammensetzung in Stählen

1953, 44 Seiten, 15 Abb., 4 Tabellen, DM 8,60

HEFT 51

Verein zur Förderung von Forschungs- und Entwicklungsarbeiten in der Werkzeugindustrie e. V., Remscheid

Untersuchungen an Kreissägeblättern für Holz, Fehler- und Spannungsprüfverfahren

1953, 50 Seiten, 23 Abb., DM 10,—

HEFT 52

Forschungsstelle für Acetylen, Dortmund

Untersuchungen über den Umsatz bei der explosiblen Zersetzung von Azetylen

a) Zersetzung von gasförmigem Azetylen

b) Zersetzung von an Silikagel absorbiertem Azetylen

1954, 48 Seiten, 8 Abb., 10 Tabellen, DM 9,25

HEFT 53

Professor Dr.-Ing. H. Opitz, Aachen

Reibwert und Verschleißmessungen an Kunststoffgleitführungen für Werkzeugmaschinen

1954, 38 Seiten, 18 Abb., DM 8,20

HEFT 54

Professor Dr.-Ing. F. A. F. Schmidt, Aachen

Schaffung von Grundlagen für die Erhöhung der spez. Leistung und Herabsetzung des spez. Brennstoffverbrauches bei Ottomotoren mit Teilbericht über Arbeiten an einem neuen Einspritzverfahren

1954, 34 Seiten, 15 Abb., DM 7,40

HEFT 55

Forschungsgesellschaft Blechverarbeitung e. V., Düsseldorf

Chemisches Glänzen von Messing und Neusilber

1954, 50 Seiten, 21 Abb., 1 Tabelle, DM 10,20

HEFT 56

Forschungsgesellschaft Blechverarbeitung e. V., Düsseldorf

Untersuchungen über einige Probleme der Behandlung von Blechoberflächen

1954, 52 Seiten, 42 Abb., DM 11,20

HEFT 57

Prof. Dr.-Ing. F. A. F. Schmidt, Aachen

Untersuchungen zur Erforschung des Einflusses des chemischen Aufbaues des Kraftstoffes auf sein Verhalten im Motor und in Brennkammern von Gasturbinen

1954, 70 Seiten, 32 Abb., DM 14,60

HEFT 58

Gesellschaft für Kohlentechnik mbH., Dortmund

Herstellung und Untersuchung von Steinkohlenschwelteer

1954, 74 Seiten, 9 Abb., 9 Tabellen, DM 13,75

HEFT 59

Forschungsinstitut der Feuerfest-Industrie e. V., Bonn

Ein Schnellanalysenverfahren zur Bestimmung von Aluminiumoxyd, Eisenoxyd und Titanoxyd in feuerfestem Material mittels organischer Farbreagenzien auf photometrischem Wege

Untersuchungen des Alkali-Gehaltes feuerfester Stoffe mit dem Flammenphotometer nach Riehm-Lange

1954, 62 Seiten, 12 Abb., 3 Tabellen, DM 11,60

HEFT 60

Forschungsgesellschaft Blechverarbeitung e. V., Düsseldorf

Untersuchungen über das Spritzlackieren im elektrostatischen Hochspannungsfeld

1954, 82 Seiten, 53 Abb., 7 Tabellen, DM 17,—

HEFT 61

Verein zur Förderung von Forschungs- und Entwicklungsarbeiten in der Werkzeugindustrie e. V., Remscheid

Schwingungs- und Arbeitsverhalten von Kreissägeblättern für Holz

1954, 54 Seiten, 31 Abb., DM 11,40

HEFT 62

Professor Dr. W. Franz, Institut für theoretische Physik der Universität Münster

Berechnung des elektrischen Durchschlags durch feste und flüssige Isolatoren

1954, 36 Seiten, DM 7,—

HEFT 63

Textilforschungsanstalt Krefeld

Neue Methoden zur Untersuchung der Wirkungsweise von Textilhilfsmitteln

Untersuchungen über Schlichtungs- und Entschlichtungsvorgänge

1954, 34 Seiten, 1 Abb., 5 Tabellen, DM 6,80

HEFT 64

Textilforschungsanstalt Krefeld

Die Kettenlängenverteilung von hochpolymeren Faserstoffen

Über die fraktionierte Fällung von Polyamiden

1954, 44 Seiten, 13 Abb., DM 8,60

HEFT 65

Fachverband Schneidwarenindustrie, Solingen

Untersuchungen über das elektrolytische Polieren von Tafelmesserklingen aus rostfreiem Stahl

1954, 90 Seiten, 38 Abb., 9 Tabellen, DM 17,35

HEFT 66

Dr.-Ing. P. Füsgen VDI †, Düsseldorf

Untersuchungen über das Auftreten des Ratterns bei selbsthemmenden Schneckengetrieben und seine Verhütung

1954, 32 Seiten, 5 Abb., DM 6,60

HEFT 67

Heinrich Wösthoff o. H. G., Apparatebau, Bochum

Entwicklung einer chemisch-physikalischen Apparatur zur Bestimmung kleinster Kohlenoxyd-Konzentrationen

1954, 94 Seiten, 48 Abb., 2 Tabellen, DM 18,25

HEFT 68

Kohlenstoffbiologische Forschungsstation e. V., Essen

Algengroßkulturen im Sommer 1952

II. Über die unsterile Großkultur von Scenedesmus obliquus

1954, 62 Seiten, 3 Abb., 29 Tabellen, DM 11,40

HEFT 69

Wäschereiforschung Krefeld

Bestimmung des Faserabbaues bei Leinen unter besonderer Berücksichtigung der Leinengarnbleiche

1954, 48 Seiten, 15 Abb., 3 Tabellen, DM 9,60

HEFT 70

Wäschereiforschung Krefeld

Trocknen von Wäschestoffen

1954, 52 Seiten, 18 Abb., 3 Tabellen, DM 10,—

HEFT 71

Prof. Dr.-Ing. K. Leist, Aachen

Kleingasturbinen, insbesondere zum Fahrzeugantrieb

1954, 114 Seiten, 85 Abb., DM 22,—

HEFT 72

Prof. Dr.-Ing. K. Leist, Aachen

Beitrag zur Untersuchung von stehenden geraden Turbinengittern mit Hilfe von Druckverteilungsmessungen

1954, 152 Seiten, 111 Abb., DM 36,20

HEFT 73

Prof. Dr.-Ing. K. Leist, Aachen

Spannungsoptische Untersuchungen von Turbinenschaufelfüßen

1954, 66 Seiten, 46 Abb., 2 Tabellen, DM 14,60

HEFT 74

Max-Planck-Institut für Eisenforschung, Düsseldorf

Versuche zur Klärung des Umwandlungsverhaltens eines sonderkarbidbildenden Chromstahls

1954, 58 Seiten, 10 Abb., DM 14,—

HEFT 75

Max-Planck-Institut für Eisenforschung, Düsseldorf

Zeit-Temperatur-Umwandlungs-Schaubilder als Grundlage der Wärmebehandlung der Stähle

1954, 44 Seiten, 13 Abb., DM 8,70

HEFT 76

Max-Planck-Institut für Arbeitsphysiologie, Dortmund

Arbeitstechnische und arbeitsphysiologische Rationalisierung von Mauersteinen

1954, 52 Seiten, 12 Abb., 3 Tabellen, DM 10,20

HEFT 77

Meteor Apparatebau Paul Schmeck GmbH., Siegen

Entwicklung von Leuchtstoffröhren hoher Leistung

1954, 46 Seiten, 12 Abb., 2 Tabellen, DM 9,15

HEFT 78

Forschungsstelle für Acetylen, Dortmund

Über die Zustandsgleichung des gasförmigen Acetylens und das Gleichgewicht Acetylen — Aceton

1954, 42 Seiten, 3 Abb., 8 Tabellen, DM 8,—

HEFT 79

Techn.-Wissenschaftl. Büro für die Bastfaserindustrie, Bielefeld

Trocknung von Leinengarnen III

Spinnspulen- und Spinnkopstrocknung

Vorgang und Einwirkung auf die Garnqualität

1954, 74 Seiten, 18 Abb., 10 Tabellen, DM 14,—

HEFT 80
Techn.-Wissenschaftl. Büro für die Bastfaserindustrie, Bielefeld
Die Verarbeitung von Leinengarn auf Webstühlen mit und ohne Oberbau
1954, 30 Seiten, 2 Abb., 2 Tabellen, DM 6,—

HEFT 81
Prüf- und Forschungsinstitut für Ziegeleierzeugnisse, Essen-Kray
Die Einführung des großformatigen Einheits-Gitterziegels im Lande Nordrhein-Westfalen
1954, 54 Seiten, 2 Abb., 2 Tabellen, DM 10,—

HEFT 82
Vereinigte Aluminium-Werke AG., Bonn
Forschungsarbeiten auf dem Gebiet der Veredelung von Aluminium-Oberflächen
1954, 46 Seiten, 34 Abb., DM 9,60

HEFT 83
Prof. Dr. S. Strugger, Münster
Über die Struktur der Proplastiden
1954, 30 Seiten, 15 Abb., DM 8,40

HEFT 84
Dr. H. Baron, Düsseldorf
Über Standardisierung von Wundtextilien
1954, 32 Seiten, DM 6,40

HEFT 85
Textilforschungsanstalt Krefeld
Physikalische Untersuchungen an Fasern, Fäden, Garnen und Geweben:
Untersuchungen am Knickscheuergerät nach Weltzien
1954, 40 Seiten, 11 Abb., 8 Tabellen, DM 10,—

HEFT 86
Prof. Dr.-Ing. H. Opitz, Aachen
Untersuchungen über das Fräsen von Baustahl sowie über den Einfluß des Gefüges auf die Zerspanbarkeit
1954, 108 Seiten, 73 Abb., 7 Tabellen, DM 22,—

HEFT 87
Gemeinschaftsausschuß Verzinken, Düsseldorf
Untersuchungen über Güte von Verzinkungen
1954, 68 Seiten, 56 Abb., 3 Tabellen, DM 15,30

HEFT 88
Gesellschaft für Kohlentechnik mbH., Dortmund-Eving
Oxydation von Steinkohle mit Salpetersäure
1954, 62 Seiten, 2 Abb., 1 Tabelle, DM 11,50

HEFT 89
Verein Deutscher Ingenieure, Gleitlagerforschung, Düsseldorf und Prof. Dr.-Ing. G. Vogelpohl, Göttingen
Versuche mit Preßstoff-Lagern für Walzwerke
1954, 70 Seiten, 34 Abb., DM 14,10

HEFT 90
Forschungs-Institut der Feuerfest-Industrie, Bonn
Das Verhalten von Silikasteinen im Siemens-Martin-Ofengewölbe
1954, 62 Seiten, 15 Abb., 11 Tabellen, DM 11,90

HEFT 91
Forschungs-Institut der Feuerfest-Industrie, Bonn
Untersuchungen des Zusammenhangs zwischen Leistung und Kohlenverbrauch von Kammeröfen zum Brennen von feuerfesten Materialien
1954, 42 Seiten, 6 Abb., DM 8,30

HEFT 92
Techn.-Wissenschaftl. Büro für die Bastfaserindustrie, Bielefeld und Laboratorium für textile Meßtechnik, M.-Gladbach
Messungen von Vorgängen am Webstuhl
1954, 76 Seiten, 45 Abb., DM 15,50

HEFT 93
Prof. Dr. W. Kast, Krefeld
Spinnversuche zur Strukturerfassung künstlicher Zellulosefasern
1954, 82 Seiten, 39 Abb., 6 Tabellen, DM 16,—

HEFT 94
Prof. Dr. G. Winter, Bonn
Die Heilpflanzen des MATTHIOLUS (1611) gegen Infektionen der Harnwege und Verunreinigung der Wunden bzw. zur Förderung der Wundheilung im Lichte der Antibiotikaforschung
1954, 58 Seiten, 1 Abb., 2 Tabellen, DM 11,50

HEFT 95
Prof. Dr. G. Winter, Bonn
Untersuchungen über die flüchtigen Antibiotika aus der Kapuziner- (Tropaeolum maius) und Gartenkresse (Lepidium sativum) und ihr Verhalten im menschlichen Körper bei Aufnahme von Kapuziner- bzw. Gartenkressensalat per os
1955, 74 Seiten, 9 Abb., 25 Tabellen, DM 14,—

HEFT 96
Dr.-Ing. P. Koch, Dortmund
Austritt von Exoelektronen aus Metalloberflächen unter Berücksichtigung der Verwendung des Effektes für die Materialprüfung
1954, 34 Seiten, 13 Abb., DM 7,—

HEFT 97
Ing. H. Stein, Laboratorium für textile Meßtechnik, M.-Gladbach
Untersuchung der Verzugsvorgänge an den Streckwerken verschiedener Spinnereimaschinen
2. Bericht: Ermittlung der Haft-Gleiteigenschaften von Faserbändern und Vorgarnen
1955, 98 Seiten, 54 Abb., DM 21,—

HEFT 98
Fachverband Gesenkschmieden, Hagen
Die Arbeitsgenauigkeit beim Gesenkschmieden unter Hämmern
1955, 132 Seiten, 55 Abb., 9 Tabellen, DM 24,75

HEFT 99
Prof. Dr.-Ing. G. Garbotz, Aachen
Der Kraft- und Arbeitsaufwand sowie die Leistungen beim Biegen von Bewehrungsstählen in Abhängigkeit von den Abmessungen, den Formen und der Güte der Stähle (Ermittlung von Leistungsrichtlinien)
1955, 136 Seiten, 53 Abb., 3 Anlagen, 18 Tabellen, DM 30,—

HEFT 100
Prof. Dr.-Ing. H. Opitz, Aachen
Untersuchungen von elektrischen Antrieben, Steuerungen und Regelungen an Werkzeugmaschinen
1955, 166 Seiten, 71 Abb., 3 Tabellen, DM 31,30

HEFT 101
Prof. Dr.-Ing. H. Opitz, Aachen
Wirtschaftlichkeitsbetrachtungen beim Außenrundschleifen
1955, 100 Seiten, 56 Abb., 3 Tabellen, DM 19,30

HEFT 102
Dr. P. Hölemann, Ing. R. Hasselmann und Ing. G. Dix, Dortmund
Untersuchungen über die thermische Zündung von explosiblen Acetylenzersetzungen in Kapillaren
1954, 44 Seiten, 5 Abb., 4 Tabellen, DM 8,60

HEFT 103
Prof. Dr. W. Weizel, Bonn
Durchführung von experimentellen Untersuchungen über den zeitlichen Ablauf von Funken in komprimierten Edelgasen sowie zu deren mathematischen Berechnung
1955, 46 Seiten, 12 Abb., DM 9,10

HEFT 104
Prof. Dr. W. Weizel, Bonn
Über den Einfluß der Elektroden auf die Eigenschaften von Cadmium-Sulfid-Widerstands-Photozellen
1955, 48 Seiten, 12 Abb., DM 9,45

HEFT 105
Dr.-Ing. R. Meldau, Harsewinkel/Westf.
Auswertung von Gekörn — Analysen des Musterstaubes „Flugasche Fortuna I"
1955, 42 Seiten, 14 Abb., DM 8,50

HEFT 106
ORR. Dr.-Ing. W. Küch, Dortmund
Untersuchungen über die Einwirkung von feuchtigkeitsgesättigter Luft auf die Festigkeit von Leimverbindungen
1954, 60 Seiten, 10 Abb., 6 Tabellen, DM 11,40

HEFT 107
Prof. Dr. H. Lange und Dipl.-Phys. P. St. Pütter, Köln
Über die Konstruktion von Laboratoriumsmagneten
1955, 66 Seiten, 19 Abb., 1 Tabelle, DM 12,30

HEFT 108
Prof. Dr. W. Fuchs, Aachen
Untersuchungen über neue Beizmethoden und Beizabwässer
I. Die Entzunderung von Drähten mit Natriumhydrid
II. Die Aufbereitung von Beizabwässern
1955, 82 S., 15 Abb., 14 Tabellen, 1 Falttafel, DM 15,25

HEFT 109
Dr. P. Hölemann und Ing. R. Hasselmann, Dortmund
Untersuchungen über die Löslichkeit von Azetylen in verschiedenen organischen Lösungsmitteln
1954, 42 Seiten, 10 Abb., 8 Tabellen, DM 8,30

HEFT 110
Dr. P. Hölemann und Ing. R. Hasselmann, Dortmund
Untersuchungen über den Druckverlauf bei der explosiblen Zersetzung von gasförmigem Azetylen
1955, 54 Seiten, 10 Abb., 5 Tabellen, DM 11,—

HEFT 111
Fachverband Steinzeugindustrie, Köln
Die Entwicklung eines Gerätes zur Beschickung seitlicher Feuer von Steinzeug-Einzelkammeröfen mit festen Brennstoffen
1955, 46 Seiten, 16 Abb., DM 9,40

HEFT 112
Prof. Dr.-Ing. H. Opitz, Aachen
Verschleißmessungen beim Drehen mit aktivierten Hartmetallwerkzeugen
1954, 44 Seiten, 17 Abb., 6 Tabellen, DM 8,80

HEFT 113
Prof. Dr. O. Graf, Dortmund
Erforschung der geistigen Ermüdung und nervösen Belastung: Studien über die vegetative 24-Stunden-Rhythmik in Ruhe und unter Belastung
1955, 40 Seiten, 12 Abb., DM 8,20

HEFT 114
Prof. Dr. O. Graf, Dortmund
Studien über Fließarbeitsprobleme an einer praxisnahen Experimentieranlage
1954, 34 Seiten, 6 Abb., DM 7,—

HEFT 115
Prof. Dr. O. Graf, Dortmund
Studium über Arbeitspausen in Betrieben bei freier und zeitgebundener Arbeit (Fließarbeit) und ihre Auswirkung auf die Leistungsfähigkeit
1955, 50 Seiten, 13 Abb., 2 Tabellen, DM 9,80

HEFT 116
Prof. Dr.-Ing. E. Siebel und Dr.-Ing. H. Weiss, Stuttgart
Untersuchungen an einigen Problemen des Tiefziehens — I. Teil
1955, 74 Seiten, 50 Abb., 5 Tabellen, DM 14,50

HEFT 117
Dr.-Ing. H. Beißwänger, Stuttgart, und Dr.-Ing. S. Schwandt, Trier
Untersuchungen an einigen Problemen des Tiefziehens — II. Teil
1955, 92 Seiten, 34 Abb., 8 Tabellen, DM 17,70

HEFT 118
Prof. Dr. E. A. Müller und Dr. H. G. Wenzel, Dortmund
Neuartige Klima-Anlage zur Erzeugung ungleicher Luft- und Strahlungstemperaturen in einem Versuchsraum
1955, 68 Seiten, 10 z. T. mehrfarb. Abb., DM 14,—

HEFT 119
Dr.-Ing. O. Viertel, Krefeld
Wäscherei- und energietechnische Untersuchung einer Gemeinschafts-Waschanlage
1955, 50 Seiten, 18 Abb., DM 10,20

HEFT 120
Dipl.-Ing. A. Weisbecker, Lüdenscheid
Über Anfressung an Reinstaluminium-Schweißnähten bei der elektrolytischen Oxydation
Gebr. Hörstermann GmbH., Velbert
Entwicklung und Erprobung eines neuartigen Gummibandförderers
1955, 46 Seiten, 18 Abb., DM 9,70

HEFT 121
Dr. H. Krebs, Bonn
I. Die Struktur und die Eigenschaften der Halbmetalle
II. Die Bestimmung der Atomverteilung in amorphen Substanzen
III. Die chemische Bindung in anorganischen Festkörpern und das Entstehen metallischer Eigenschaften
1955, 124 Seiten, 36 Abb., 13 Tabellen, DM 22,90

HEFT 122
Prof. Dr. W. Fuchs, Aachen
Untersuchungen zur Verbesserung der Wasseraufbereitung und Wasseranalyse:
Über die Schnellbewertung von Ionenaustauscher
1955, 62 Seiten, 32 Abb., DM 12,30

HEFT 123
Dipl.-Ing. J. Emondts, Aachen
Über Bodenverformungen bei stark gestörtem und mächtigem, wasserführendem Deckgebirge im Aachener Steinkohlengebiet
1955, 196 Seiten, 37 Abb., 10 Tabellen, DM 28,80

HEFT 124
Prof. Dr. R. Seyffert, Köln
Wege und Kosten der Distribution der Hausratwaren im Lande Nordrhein-Westfalen
1955, 74 Seiten, 25 Tabellen, DM 9,—

WESTDEUTSCHER VERLAG · KÖLN UND OPLADEN

HEFT 125
Prof. Dr. E. Kappler, Münster
Eine neue Methode zur Bestimmung von Kondensations-Koeffizienten von Wasser
1955, 46 Seiten, 11 Abb., 1 Tabelle, DM 9,10

HEFT 126
Prof. Dr.-Ing. J. Mathieu, Aachen
Arbeitszeitvergleich
Grundlagen, Methodik und praktische Durchführung
1955, 70 Seiten, DM 13,—

HEFT 127
Güteschutz Betonstein e. V., Arbeitskreis Nordrhein-Westfalen, Dortmund
Die Betonwaren-Gütesicherung im Lande Nordrhein-Westfalen
1955, 58 Seiten, 15 Abb., 3 Tabellen, DM 11,50

HEFT 128
Prof. Dr. O. Schmitz-DuMont, Bonn
Untersuchungen über Reaktionen in flüssigem Ammoniak
1955, 96 Seiten, 11 Abb., 6 Tabellen, DM 17,75

HEFT 129
Prof. Dr.-Ing. J. Mathieu und Dr. C. A. Roos, Aachen
Die Anlernung von Industriearbeitern
I. Ergebnisse einer grundsätzlichen Untersuchung der gegenwärtigen Industriearbeiter-Kurzanlernung
1955, 106 Seiten, DM 19,70

HEFT 130
Prof. Dr.-Ing. J. Mathieu und Dr. C. A. Roos, Aachen
Die Anlernung von Industriearbeitern
II. Beiträge zur Methodenfrage der Kurzanlernung
1955, 108 Seiten, DM 19,90

HEFT 131
Dr. W. Hoerburger, Köln
Versuche zur Biosynthese von Eiweiß aus Kohlenwasserstoff
1955, 34 Seiten, 2 Abb., DM 6,90

HEFT 132
Prof. Dr. W. Seith, Münster
Über Diffusionserscheinungen in festen Metallen
1955, 42 Seiten, 19 Abb., 4 Tabellen, DM 9,10

HEFT 133
Prof. Dr. E. Jenckel, Aachen
Über einen für Schwermetalle selektiven Ionenaustauscher
1955, 48 Seiten, 8 Abb., 13 Tabellen, DM 9,50

HEFT 134
Prof. Dr.-Ing. H. Winterhager, Aachen
Über die elektrochemischen Grundlagen der Schmelzfluß-Elektrolyse von Bleisulfid in geschmolzenen Mischungen mit Bleichlorid
1955, 54 Seiten, 20 Abb., 5 Tabellen, DM 11,80

HEFT 135
Prof. Dr.-Ing. K. Krekeler und Dr.-Ing. H. Peukert, Aachen
Die Änderung der mechanischen Eigenschaften thermoplastischer Kunststoffe durch Warmrecken
1955, 54 Seiten, 27 Abb., DM 11,10

HEFT 136
Dipl.-Phys. P. Pilz, Remscheid
Über spezielle Probleme der Zerkleinerungstechnik von Weichstoffen
1955, 58 Seiten, 19 Abb., 2 Tabellen, DM 11,50

HEFT 137
Prof. Dr. W. Baumeister, Münster
Beiträge zur Mineralstoffernährung der Pflanzen
1955, 64 Seiten, 6 Tabellen, DM 11,80

HEFT 138
Dr. P. Hölemann und Ing. R. Hasselmann, Dortmund
Untersuchungen über die Zersetzungswärme von gasförmigem und in Azeton gelöstem Azetylen
1955, 54 Seiten, 8 Abb., 7 Tabellen, DM 10,40

HEFT 139
Prof. Dr. W. Fuchs, Aachen
Studien über die thermische Zersetzung der Kohle und die Kohlendestillatprodukte
1955, 64 Seiten, 20 Abb., 22 Tabellen, DM 11,80

HEFT 140
Dr.-Ing. G. Hausberg, Essen
Modellversuche an Zyklonen
1955, 78 Seiten, 24 Abb., DM 15,70

HEFT 141
Dr. J. van Calker und Dr. R. Wienecke, Münster
Untersuchungen über den Einfluß dritter Analysenpartner auf die spektrochemische Analyse
1955, 42 Seiten, 15 Abb., DM 9,10

HEFT 142
Dipl.-Ing. G. M. F. Wiebel, Hannover, A. Konermann und A. Ottenheym, Sennelager
Entwicklung eines Kalksandleichtsteines
1955, 38 Seiten, 4 Abb., DM 8,—

HEFT 143
Prof. Dr. F. Wever, Dr. A. Rose und Dipl.-Ing. W. Straßburg, Düsseldorf
Härtbarkeit und Umwandlungsverhalten der Stähle
1955, 50 Seiten, 12 Abb., 3 Tabellen, DM 10,70

HEFT 144
Prof. Dr. H. Wurmbach, Bonn
Steuerung von Wachstum und Formbildung
1955, 48 Seiten, 19 Abb., DM 10,30

HEFT 145
Dr. G. Hennemann, Werdohl (Westf.)
Beitrag zur Interpretation der modernen Atomphysik
1955, 34 Seiten, DM 10,—

HEFT 146
Dr.-Ing. F. Gruß, Düsseldorf
Sterilisation mit Heißluft
1955, 34 Seiten, 10 Abb., DM 7,70

HEFT 147
Dr.-Ing. W. Rudisch, Unna
Untersuchung einer drehelastischen Elektromagnet-Synchronkupplung
1955, 82 Seiten, 65 Abb., DM 17,70

HEFT 148
Prof. Dr. H. Bittel u. Dipl.-Phys. L. Storm, Münster
Untersuchungen über Widerstandsrauschen
1955, 40 Seiten, 5 Abb., DM 8,40

HEFT 149
Dipl.-Ing. K. Konopicky und Dipl.-Chem. P. Kampa, Bonn
I. Beitrag zur flammenphotometrischen Bestimmung des Calciums.
Dr.-Ing. K. Konopicky, Bonn
II. Die Wanderung von Schlackenbestandteilen in feuerfesten Baustoffen
1955, 54 Seiten, 10 Abb., 5 Tabellen, DM 11,—

HEFT 150
Prof. Dr.-Ing. O. Kienzle und Dipl.-Ing. W. Timmerbeil, Hannover
Das Durchziehen enger Kragen an ebenen Fein- und Mittelblechen
1955, 52 Seiten, 20 Abb., 8 Tabellen, DM 11,30

HEFT 151
Dipl.-Ing. P. Karabasch, Aachen
Feststellung des optimalen Gasgehaltes von Bronzen zur Erzielung druckdichter Gußstücke
1956, 64 Seiten, 31 Abb., 5 Tabellen, DM 13,90

HEFT 152
Dipl.-Ing. G. Müller, Köln
Ermittlung der Laufeigenschaften (Vergießbarkeit) von Bronze und Rotguß mittels der Schneider-Gießspirale
1955, 60 Seiten, 33 Abb., DM 13,30

HEFT 153
Prof. Dr. F. Wever, Dr.-Ing. W. A. Fischer und Dipl.-Ing. J. Engelbrecht, Düsseldorf
I. Die Reduktion sauerstoffhaltiger Eisenschmelzen im Hochvakuum mit Wasserstoff und Kohlenstoff
II. Einfluß geringer Sauerstoffgehalte auf das Gefüge und Alterungsverhalten von Reineisen
1955, 54 Seiten, 15 Abb., 2 Tabellen, DM 12,40

HEFT 154
Prof. Dr.-Ing. P. Bardenheuer und Dr.-Ing. W. A. Fischer, Düsseldorf
Die Verschlackung von Titan aus Stahlschmelzen im sauren und basischen Hochfrequenzofen unter verschiedenen Schlacken
1955, 36 Seiten, 10 Abb., 1 Tabelle, DM 7,95

HEFT 155
Dipl.-Phys. K. H. Schirmer, München
Die auf Grau abgestimmte Farbwiedergabe im Dreifarbenbuchdruck
1955, 46 Seiten, 17 Abb., 2 Farbtafeln, DM 10,—

HEFT 156
Prof. Dr.-Ing. B. von Borries und Mitarbeiter, Düsseldorf
Die Entwicklung regelbarer permanentmagnetischer Elektronenlinsen hoher Brechkraft und eines mit ihnen ausgerüsteten Elektronenmikroskopes neuer Bauart
1956, 102 Seiten, 52 Abb., DM 22,55

HEFT 157
Dr. W. Jawtusch, Dr. G. Schuster und Prof. Dr.-Ing. R. Jaeckel, Bonn
Untersuchungen über die Stoßvorgänge zwischen neutralen Atomen und Molekülen
1955, 48 Seiten, 15 Abb., 3 Tabellen, DM 10,50

HEFT 158
Dipl.-Ing. W. Rosenkranz, Meinerzhagen
Ein Beitrag zum Problem der Spannungskorrosion bei Preßprofilen und Preßteilen aus Aluminium-Legierungen
1956, 112 Seiten, 61 Abb., 5 Tabellen, DM 27,40

HEFT 159
Dr.-Ing. O. Viertel und O. Oldenroth, Krefeld
Das Bleichen von Weißwäsche mit Wasserstoffsuperoxyd bzw. Natriumhypochlorit beim maschinellen Waschen
1955, 54 Seiten, 23 Abb., 2 Tabellen, DM 11,45

HEFT 160
Prof. Dr. W. Klemm, Münster
Über neue Sauerstoff- und Fluor-haltige Komplexe
1955, 50 Seiten, 13 Abb., 7 Tabellen, DM 10,80

HEFT 161
Prof. Dr. W. Weltzien und Dr. G. Hauschild, Krefeld
Über Silikone und ihre Anwendung in der Textilveredlung
1955, 162 Seiten, 22 Abb., 10 Tabellen, DM 27,—

HEFT 162
Prof. Dr. F. Wever, Prof. Dr. A. Kochendörfer und Dr.-Ing. Chr. Rohrbach, Düsseldorf
Kennzeichnung der Sprödbruchneigung von Stählen durch Messung der Fließspannung, Reißspannung und Brucheinschnürung an dreiachsig beanspruchten Proben *1955, 58 Seiten, 26 Abb., DM 13,—*

HEFT 163
Dipl.-Ing. W. Rohs und Text.-Ing. H. Griese, Bielefeld
Untersuchungsarbeiten zur Verbesserung des Leinenwebstuhls III
1955, 80 Seiten, 15 Abb., 18 Tabellen, DM 15,80

HEFT 164
Dr.-Ing. H. Schmachtenberg, Köln
Neuartige Prüfeinrichtungen für Kraftfahrzeuge
1955, 44 Seiten, 23 Abb., DM 9,60

HEFT 165
Dr.-Ing. W. Wilhelm, Aachen
Instationäre Gasströmung im Auspuffsystem eines Zweitaktmotors
1955, 62 Seiten, 31 Abb., 8 Tabellen, DM 13,60

HEFT 166
Prof. Dr. M. v. Stackelberg, Dr. H. Heindze, Dr. H. Hübschke und Dr. K. H. Frangen, Bonn
Kolloidchemische Untersuchungen
1955, 106 Seiten, 8 Abb., 13 Tabellen, DM 21,25

HEFT 167
Prof. Dr.-Ing. F. Schuster, Essen
I. Über die Heißkarburierung von Brenngasen mit Ölen und Teeren
II. Die Strahlungsvorgänge in brennstoffbeheizten Öfen bei verschiedenen Verbrennungsatmosphären
1955, 38 Seiten, 8 Abb., DM 8,30

HEFT 168
Prof. Dr.-Ing. F. Schuster, Essen
I. Luftvorwärmung an Gasfeuerungen
II. Heizwerthöhe von Brenngasen und Wirkungsgrad sowie Gasverbrauch bei der Gasverwendung
III. Sauerstoffangereicherte Luft und feuerungstechnische Kenngrößen von Brenngasen
1955, 60 Seiten, 18 Abb., DM 12,50

HEFT 169
Forschungsinstitut für Pigmente und Lacke, Stuttgart
Arbeiten über die Bestimmung des Gebrauchswertes von Lackfilmen durch physikalische Prüfungen
1955, 70 Seiten, 23 Abb., 4 Tabellen, DM 15,—

HEFT 170
Prof. Dr. F. Wever, Dr. A. Rose und Dipl.-Ing L. Rademacher, Düsseldorf
Anwendung der Umwandlungsschaubilder auf Fragen der Werkstoffauswahl beim Schweißen und Flammhärten *1955, 64 Seiten, 25 Abb., DM 13,70*

HEFT 171
Wäschereiforschung Krefeld
Untersuchung der Wäscheentwässerung mit Hilfe von Zentrifugen und Pressen
1955, 42 Seiten, 16 Abb., 4 Tabellen, DM 9,70

HEFT 172
Dipl.-Ing. W. Rohs, Dr.-Ing. G. Satlow und Text.-Ing. G. Heller, Bielefeld
Trocknung von Hanfgarnen. Kreuzspultrocknung
1955, 60 Seiten, 7 Abb., 4 Tabellen, DM 10,30

HEFT 173
Prof. Dr. R. Hosemann und Dipl.-Phys. G. Schoknecht, Berlin, vorgelegt von Prof. Dr. W. Kast, Krefeld
Lichtoptische Herstellung und Diskussion der Faltungsquadrate parakristalliner Gitter
1956, 108 Seiten, 63 Abb., 6 Tabellen, DM 24,70

HEFT 174
Prof. Dr. W. von Fragstein, Dr. J. Meingast und H. Hoch, Köln
Herstellung von Solen einheitlicher Teilchengröße und Ermittlung ihrer optischen Eigenschaften
1955, 78 Seiten, 80 Abb., 4 Tabellen, DM 18,25

HEFT 175
Dr.-Ing. H. Zeller, Aachen
Beitrag zur eindimensionalen stationären und nichtstationären Gasströmung mit Reibung und Wärmeleitung, insbesondere in Rohren mit unstetigen Querschnittsänderungen.
1956, 138 Seiten, 56 Abb., DM 29,30

HEFT 176
Dipl.-Ing. H. Schöberl, Duisburg
Über die Methoden zur Ermittlung der Verbrennungstemperatur von Brennstoffen und ein Vorschlag zu ihrer Verbesserung
1955, 30 Seiten, 3 Abb., DM 6,50

HEFT 177
Dipl.-Ing. H. Stüdemann, Solingen, und Dr.-Ing. W. Müchler, Essen
Entwicklung eines Verfahrens zur zahlenmäßigen Bestimmung der Schneideigenschaften von Messerklingen
1956, 104 Seiten, 68 Abb., 4 Tabellen, DM 22,20

HEFT 178
Prof. Dr. M. von Stackelberg u. Dr. W. Hans, Bonn
Untersuchungen zur Ausarbeitung und Verbesserung von polarographischen Analysenmethoden
1955, 46 Seiten, 14 Abb., DM 10,50

HEFT 179
Dipl.-Ing. H. F. Reineke, Bochum
Entwicklungsarbeiten auf dem Gebiete der Meß- und Regeltechnik
1955, 46 Seiten, 10 Abb., DM 10,—

HEFT 180
Dr.-Ing. W. Piepenburg, Dipl.-Ing. B. Bühling und Bauing. J. Behnke, Köln
Putzarbeiten im Hochbau und Versuche mit aktiviertem Mörtel und mechanischem Mörtelauftrag
1955, 116 Seiten, 31 Abb., 68 Tabellen, DM 23,—

HEFT 181
Prof. Dr. W. Franz, Münster
Theorie der elektrischen Leitvorgänge in Halbleitern und isolierenden Festkörpern bei hohen elektrischen Feldern
1955, 28 Seiten, 2 Abb., 1 Tabelle, DM 6,20

HEFT 182
Dr.-Ing. P. Schenk u. Dr. K. Osterloh, Düsseldorf
Katalytisch-thermische Spaltung von gasförmigen und flüssigen Kohlenwasserstoffen zur Spitzengaserzeugung
1955, 50 Seiten, 11 Abb., 11 Tabellen, DM 10,90

HEFT 183
Dr. W. Bornheim, Köln
Entwicklungsarbeiten an Flaschen- und Ampullen-Behandlungsmaschinen für die pharmazeutische Industrie
1956, 48 Seiten, 24 Abb., DM 11,70

HEFT 184
Dr.-Ing. E. Printz, Kettwig
Vollhydraulische Parallel-Kupplung für Ackerschlepper
1955, 32 Seiten, 4 Abb., DM 7,80

HEFT 185
Dipl.-Ing. W. Rohs und Text.-Ing. G. Heller, Bielefeld
Studien an einem neuzeitlichen Kreuzspultrockner für Bastfasergarne mit Wiederbefeuchtungszone
1955, 52 Seiten, 9 Abb., 3 Tabellen, DM 10,70

HEFT 186
Dr. E. Wedekind, Krefeld
Untersuchungen zur Arbeitsbestgestaltung bei der Fertigstellung von Oberhemden in gewerblichen Wäschereien *1955, 124 Seiten, 28 Abb., 6 Tabellen, 2 Falttaf., DM 12,—*

HEFT 187
Dipl.-Ing. F. Göttgens, Essen
Über die Eigenarten der Bimetall-, Thermo- und Flammenionisationssicherungsmethode in ihrer Anwendung auf Zündsicherungen
1955, 40 Seiten, 6 Abb., 4 Tabellen, DM 8,40

HEFT 188
W. Kinnebrock, Langenberg (Rhld.)
Der Einfluß des Austausches gleicher Gaskochbrenner bzw. Gaskochbrennerteile auf den Wirkungsgrad und insbesondere auf den CO-Gehalt der Verbrennungsgase
1955, 42 Seiten, 7 Tabellen, DM 8,70

HEFT 189
Fa. E. Leybold's Nachfolger, Köln
I. Ausgewählte Kapitel aus der Vakuumtechnik
II. Zum Verlust anorganisch-nichtflüchtiger Substanzen während der Gefriertrocknung
1955, 52 Seiten, 16 Abb., 3 Tabellen, DM 11,20

HEFT 190
Prof. Dr. A. Neuhaus, Prof. Dr. O. Schmitz-DuMont und Dipl.-Chem. H. Reckhard, Bonn
Zur Kenntnis der Alkalititanate
1955, 60 Seiten, 13 Abb., 1 Tabelle, DM 12,20

HEFT 191
Dr. H. Söhngen, Darmstadt
Schwingungsverhalten eines Schaufelkranzes im Vakuum *1955, 36 Seiten, 7 Abb., DM 7,80*

HEFT 192
Dipl.-Phys. E. M. Schneider, München
Kohlebogenlampen für Aufnahme und Kopie
1955, 48 Seiten, 21 Abb., 3 Tabellen, DM 10,60

HEFT 193
Prof. Dr. O. Schmitz-DuMont, Bonn
Untersuchungen über neue Pigmentfarbstoffe
1956, 50 Seiten, 16 Abb., 8 Tabellen, DM 11,20

HEFT 194
Dr. K. Hecht, Köln
Entwicklung neuartiger physikalischer Unterrichtsgeräte *1955, 42 Seiten, 16 Abb., DM 9,90*

HEFT 195
Dr.-Ing. E. Rößger, Köln
Gedanken über einen neuen deutschen Luftverkehr
1955, 342 Seiten, 29 Abb., 122 Tabellen, DM 50,—

HEFT 196
Dipl.-Ing. W. Rohs und Text.-Ing. H. Griese, Bielefeld
Auswirkungen von Garnfehlern bei der Verarbeitung von Leinengarnen
1955, 36 Seiten, 3 Abb., 6 Tabellen, DM 7,80

HEFT 197
Dr. E. Wedekind, Krefeld
Untersuchungen zur Bestimmung der optimalen Arbeitsplatzgröße bei Mehrstuhlarbeit in der Weberei
1955, 92 Seiten, 34 Abb., DM 18,50

HEFT 198
Prof. Dr. J. Weissinger, Karlsruhe
Zur Aerodynamik des Ringflügels. Die Druckverteilung dünner, fast drehsymmetrischer Flügel in Unterschallströmung *1955, 42 Seiten, 5 Abb., DM 9,—*

HEFT 199
Textilforschungsanstalt Krefeld
Die Messung von Gewebetemperaturen mittels Temperaturstrahlung
1955, 50 Seiten, 12 Abb., DM 10,90

HEFT 200
R. Seipenbusch, Langenberg (Rhld.)
Spitzengas durch Zusatz von Flüssiggas-Wassergas- und Flüssiggas-Generatorgas-Gemischen zu Stadtgas
1955, 48 Seiten, 21 Tabellen, DM 10,35

HEFT 201
Dr.-Ing. E. W. Pleines, Frankfurt/Main
Die Sicherheit im Luftverkehr
1956, 194 Seiten, 39 Abb., 19 Tabellen, DM 39,50

HEFT 202
Dipl.-Ing. D. Fiecke, Stuttgart/Zuffenhausen
Die Bestimmung der Flugzeugpolaren für Entwurfszwecke. I Teil: Unterlagen
1956, 216 Seiten, 171 Diagr., DM 59,70

HEFT 203
Dr. G. Wandel, Bonn
Uferbewachsung und Lebendverbauung an den Nordwestdeutschen Kanälen und ihren Zuflüssen sowie an der Ruhr *1956, 122 Seiten, 88 Abb., DM 25,70*

HEFT 204
Dipl.-Ing. B. Naendorf, Langenberg (Rhld.)
Bestimmung der Brenneigenschaften und des Brennverhaltens verschiedener Gasarten und Einfluß verschiedener Düsengestaltung
1955, 32 Seiten, DM 7,10

HEFT 205
Dr. C. Schaarwächter, Düsseldorf
Über plastische Kupfer-Eisen-Phosphor-Legierungen
1936, 36 Seiten, 10 Abb., 10 Tabellen, DM 8,30

HEFT 206
Dr. P. Hölemann, Ing. R. Hasselmann und Ing. G. Dix, Dortmund
Untersuchungen über die Vorgänge bei der Zersetzung von in Azeton gelöstem Azetylen
1956, 74 Seiten, 7 Abb., 7 Tabellen, DM 15,55

HEFT 207
Prof. Dr.-Ing. H. Opitz, Dipl.-Ing. K. H. Fröhlich und Dipl.-Ing. H. Siebel, Aachen
Richtwerte für das Fräsen von unlegierten und legierten Baustählen mit Hartmetall. I. Teil
1956, 48 Seiten, 27 Abb., 3 Tabellen, DM 11,10

HEFT 208
Prof. Dr.-Ing. H. Müller, Essen
Untersuchung von Elektrowärmegeräten für Laienbedienung hinsichtlich Sicherheit und Gebrauchsfähigkeit. I. Untersuchungen an Kochplatten
1956, 100 Seiten, 76 Abb., 7 Tabellen, DM 22,70

HEFT 209
Dr. K. Bunge, Leverkusen
Materialabbau in Funkenentladungen. Untersuchungen an Zinkkathoden
1956, 54 Seiten, 10 Abb., 5 Tabellen, DM 11,40

HEFT 210
Dr. W. Porschen und Prof. Dr. W. Riezler, Bonn
Langlebige Alphaaktivitäten bei natürlichen Elementen
1955, 40 Seiten, 5 Abb., 4 Tabellen, DM 8,80

HEFT 211
Prof. Dipl.-Ing. W. Sturtzel und Dr.-Ing. W. Graff, Duisburg
Die Versuchsanstalt für Binnenschiffbau, Duisburg
1956, 48 Seiten, 22 Abb., 11,—

HEFT 212
Dipl.-Ing. H. Spodig, Selm
Untersuchung zur Anwendung der Dauermagnete in der Technik *1955, 44 Seiten, 25 Abb., DM 9,80*

HEFT 213
Dipl.-Ing. K. F. Rittinghaus, Aachen
Zusammenstellung eines Meßwagens für Bau- und Raumakustik *in Vorbereitung*

HEFT 214
Dr.-Ing. J. Endres, München
Berechnung der optimalen Leistungen, Kraftstoffverbräuche und Wirkungsgrade von Einkreis-Turbolader-Strahltriebwerken am Boden und in der Höhe bei Fluggeschwindigkeiten von 0—2000 km/h
1956, 72 Seiten, 18 Abb., 8 Tabellen, DM 15,40

HEFT 215
Prof. Dr.-Ing. H. Opitz und Dr.-Ing. G. Weber, Aachen
Einfluß der Wärmebehandlung von Baustählen auf Spanentstehung, Schnittkraft- und Standzeitverhalten
1956, 80 Seiten, 30 Abb., 10 Tabellen, DM 18,40

HEFT 216
Dr. E. Kloth, Köln
Untersuchungen über die Ausbreitung kurzer Schallimpulse bei der Materialprüfung mit Ultraschall
1956, 90 Seiten, 60 Abb., 4 Tabellen, DM 19,40

HEFT 217
Rationalisierungskuratorium der Deutschen Wirtschaft (RKW), Frankfurt/Main
Typenvielzahl bei Haushaltgeräten und Möglichkeiten einer Beschränkung
1956, 328 Seiten, 2 Abb., 181 Tabellen, DM 49,50

HEFT 218
Dr. F. Keune, Aachen
Bericht über eine Theorie der Strömung um Rotationskörper ohne Anstellung bei Machzahl Eins
1955, 40 Seiten, 8 Abb., 5 Formelblätter, DM 8,80

HEFT 219
Prof. Dr. W. Fuchs, Aachen
Untersuchungen zur Holzabfallverwertung und zur Chemie des Lignins
1955, 54 Seiten, 11 Abb., 15 Tabellen DM 11,40

HEFT 220
Prof. Dr. W. Fuchs, Aachen
Die Entwicklung neuer Regel- und Kontroll-Apparate zur coulometrischen Analyse
1956, 76 Seiten, 17Abb. 23 Tabellen, DM 15,50

HEFT 221
Dr. W. Meyer-Eppler, Bonn
Experimentelle Untersuchungen zum Mechanismus von Stimme und Gehör in der lautsprachlichen Kommunikation *1955, 56 Seiten, 24 Abb., DM 13,45*

HEFT 222
Dr. L. Köllner, Münster, und Dipl.-Volkswirt M. Kaiser, Bochum
Die internationale Wettbewerbsfähigkeit der westdeutschen Wollindustrie *1956, 214 Seiten, DM 39,50*

HEFT 223
Dr.-Ing. K. Alberti und Dr. F. Schwarz, Köln
Über das Problem Hartbrand-Weichbrand
1956, 54 Seiten, 25 Abb., 14 Tabellen, DM 12,10

HEFT 224
Dipl.-Ing. H. Stüdemann und Ing. R. Beu, Solingen
Verfahren zur Prüfung der Korrosionsbeständigkeit von Messerklingen aus rostfreiem Stahl
1956, 82 Seiten, 28 Abb., DM 16,90

HEFT 225
Dr.-Ing. E. Barz, Remscheid
Der Spannungszustand von Gattersägeblättern
1956, 74 Seiten, 54 Abb., DM 16,50

HEFT 226
Technisch-wissenschaftliches Büro für die Bastfaserindustrie, Bielefeld
Untersuchungen zur Verbesserung des Leinenwebstuhles IV
Die Wirkung verschiedener Kettbaumbremsen auf die Verwebung von Leinengarnen
1956, 64 Seiten, 9 Abb., 4 Tabellen, DM 13,50

HEFT 227
Prof. Dr. F. Wever, Düsseldorf und Dr. W. Wepner, Köln
Untersuchung der Alterungsneigung von weichen unlegierten Stählen durch Härteprüfung bei Temperaturen bis 300 Grad C
1956, 34 Seiten, 20 Abb., 3 Tabellen, DM 7,95

HEFT 228
Prof. Dr. F. Wever, Dr. W. Koch, Düsseldorf, und Dr. B. A. Steinkopf, Dortmund
Spektrochemische Grundlagen der Analyse von Gemischen aus Kohlenmonoxyd, Wasserstoff und Stickstoff *1956, 42 Seiten, 18 Abb., 1 Tabelle, DM 9,90*

HEFT 229
Prof. Dr. F. Wever, Dr. W. Koch und Dr.-Ing. H. Malissa, Düsseldorf
Über die Anwendung disubstituierter Dithiocarbamate der analytischen Chemie
1956, 44 Seiten, 30 Abb., 5 Tabellen, DM 10,50

HEFT 230
Prof. Dr. F. Wever, Düsseldorf, und Dr. W. Wepner, Köln
Bestimmung kleiner Kohlenstoffgehalte im Alpha-Eisen durch Dämpfungsmessung
1956, 34 Seiten, 5 Abb., 2 Tabellen, DM 7,70

HEFT 231
Dr.-Ing. W. Küch, Dortmund
Über die Wechselwirkung zwischen Holzschutzbehandlung und Verleimung
1956, 48 Seiten, 10 Abb., 8 Tabellen, DM 10,40

HEFT 232
Prof. Dr.-Ing. O. Kienzle, Hannover, und Dr.-Ing. H. Münnich, Schweinfurt
Feststellung der Spannungen und Dehnungen und Bruchdrehzahlen der unter Fliehkraft und Bearbeitungskraft beanspruchten Schleifkörper
in Vorbereitung

HEFT 233
Dr. H. Haase, Hamburg
Infrarot-Bibliographie *1956, 90 Seiten, DM 17,80*

HEFT 234
Dr.-Ing. K. G. Speith und Dr.-Ing. A. Bungeroth, Duisburg
Versuche zur Steigerung des Kokillen-Schluckvermögens beim Stranggießen von Stahl
1956, 26 Seiten, 5 Abb., DM 6,15

HEFT 235
Prof. Dr.-Ing. K. Leist und Dipl.-Ing. W. Dettmering, Aachen
Turbinenschaufeln aus Kunststoff für Kaltluftversuchsanlagen
1956, 46 Seiten, 43 Abb., 3 Tabellen, DM 12,30

HEFT 236
Dr.-Ing. O. Viertel und S. Lucas, Krefeld
Ergebnisse einer Hausfrauenbefragung über Wascheinrichtungen und Waschmethoden in städtischen Haushaltungen
1956, 34 Seiten, 4 Abb., DM 7,60

HEFT 237
Dr. P. Endler und Dr. H. Ludes, Köln
Bericht über eine Studienreise zur Orientierung der heutigen Behandlung der Lungentuberkulose in den Vereinigten Staaten von Nordamerika
1956, 32 Seiten, DM 7,10

HEFT 238
Institut für textile Meßtechnik, M.-Gladbach, e. V.
Untersuchungen der Verzugsvorgänge an den Streckwerken verschiedener Spinnereimaschinen. 3. Bericht: Theoretische Betrachtungen über den Einfluß schlagender Zylinder und Druckrollen
1956, 66 Seiten, 21 Abb., DM 14,10

HEFT 239
Prof. Dr.-Ing. K. Leist, Dipl.-Ing. H. Scheele, Aachen, und Dipl.-Ing. F. H. Flottmann, Herne
Versuche an einem neuartigen luftgekühlten Hochleistungs-Kolbenkompressor
1956, 72 Seiten, 19 Abb., 7 Tabellen, DM 14,40

HEFT 240
Prof. Dr.-Ing. K. Leist und Dipl.-Ing. H. Scheele, Aachen
Temperaturmessungen an einem einstufigen luftgekühlten 4-Zylinder-Kolbenkompressor mit Kühlgebläse *1956, 74 Seiten, 36 Abb., DM 14,80*

HEFT 241
Prof. Dr.-Ing. K. Leist und Dipl.-Ing. M. Pötke, Aachen
Leistungsversuche an einem Kühlluftgebläse
1956, 60 Seiten, 13 Abb., DM 11,70

HEFT 242
Prof. Dr.-Ing. K. Leist und Dipl.-Ing. K. Graf, Aachen
Straßenfahrzeuge mit Gasturbinenantrieb
1956, 82 Seiten, 63 Abb., DM 17,20

HEFT 243
Prof. Dr.-Ing. K. Leist und Dipl.-Ing. S. Förster, Aachen
Die französische Kleingasturbine Artouste — 1. Teil
1956, 80 Seiten, 41 Abb., DM 15,85

HEFT 244
Prof. Dr. F. Wever, Dr. W. Koch und Dr. S. Eckhard, Düsseldorf
Erfahrungen mit der spektrochemischen Analyse von Gefügebestandteilen des Stahles
1956, 32 Seiten, 8 Abb., 2 Tabellen, DM 7,80

HEFT 245
Prof. Dr.-Ing. habil. K. Krekeler, Aachen
Das Verbinden von Metallen durch Kunstharzkleber. Teil I: Eigenschaften und Verwendung der Metallklebstoffe *1956, 48 Seiten, 8 Abb., DM 10,25*

HEFT 246
Prof. Dr.-Ing. habil. K. Krekeler, Aachen
Das Verbinden von Metallen durch Kunstharzkleber. Teil II: Untersuchungen an geklebten Leichtmetall-Verbindungen *1956, 80 Seiten, 40 Abb., DM 17,50*

HEFT 247
Dr. H. Söhngen, Darmstadt
Strömung vor einem Überschall-Laufrad
1956, 26 Seiten, 4 Abb., DM 7,60

HEFT 248
Rheinische Aktiengesellschaft für Braunkohlenbergbau und Brikettfabrikation, Köln
Untersuchung der Bindemitteleigenschaften von Braunkohlenfilteraschen
1956, 176 Seiten, 26 Abb., 30 Tabellen, DM 35,60

HEFT 249
Dr. M.-E. Meffert, Essen
Weitere Kulturversuche Scenedesmus obliquus
1956, 36 Seiten, 5 Abb., 10 Tabellen, DM 8,—

HEFT 250
Dr. F. Schwarz und Dr.-Ing. K. Alberti, Köln
Entwicklung von Untersuchungsverfahren zur Güteberteilung von Industriekalken
1956, 36 Seiten, 9 Abb., DM 16,50

HEFT 251
Prof. Dr. H. Bittel, Münster
Zur Statistik der ferromagnetischen Elementarvorgänge und ihren Einfluß auf das Barkhausenrauschen
1956, 52 Seiten, 14 Abb., DM 11,65

HEFT 252
Dipl.-Ing. H. Frings, Geilenkirchen
Die Wirkung abfallender Wetterführung auf Wettertemperatur, Grubengasgehalt und Staubbildung
1957, 126 Seiten, 23 Abb., 13 Falttafeln, 38 Tab., DM 35,70

HEFT 253
Dipl.-Ing. S. Schirmanski, Berghausen
Stand und Auswertung der Forschungsarbeiten über Temperatur- und Feuchtigkeitsgrenzen bei der bergmännischen Arbeit
1957, 80 Seiten, 24 Abb., 12 Tab., DM 17,10

HEFT 254
Prof. Dr. R. Danneel, Bonn
Quantitative Untersuchungen über die Entwicklung des Ehrlich-Ascitestumors bei Inzuchtmäusen
1956, 52 Seiten, 17 Tabellen, DM 11,75

HEFT 255
Ing. B. v. Schlippe, Bad Nauheim
Strömung von Flüssigkeiten mit temperaturabhängiger Zähigkeit (Kühlung von Öfen)
1956, 54 Seiten, 12 Abb., 4 Tabellen, DM 11,70

HEFT 256
Prof. Dr. C. Schmieden und Dipl.-Math. K. H. Müller, Darmstadt
Die Strömung einer Quellstrecke im Halbraum — eine strenge Lösung der Navier-Stokes-Gleichungen
1956, 40 Seiten, 9 Abb., DM 8,80

HEFT 257
Prof. Dr. G. Lehmann und Dr. J. Tamm, Dortmund
Die Beeinflussung vegetativer Funktionen des Menschen durch Geräusche
1956, 48 Seiten, 25 Abb., 3 Tabellen, DM 11,20

HEFT 258
Dr. H. Paul, Linz (Rhein), und Prof. Dr. O. Graf, Dortmund
Zur Frage der Unfälle im Bergbau
1956, 52 Seiten, 9 Abb., 22 Tabellen, DM 11,20

HEFT 259
Prof. D. W. Linke, Aachen
Strömungsvorgänge in künstlich belüfteten Räumen
1956, 52 Seiten, 37 Abb., 1 Tabelle, DM 11,80

HEFT 260
Prof. Dr. W. Kast, Freiburg (Br.), Prof. Dr. A. H. Stuart und Dipl.-Phys. H. G. Fendler, Hannover
Lichtzerstreuungsmessungen an Lösungen hochpolymerer Stoffe
1956, 70 Seiten, 25 Abb., 5 Tabellen, DM 15,60

HEFT 261
Prof. Dr. W. Kast, Freiburg (Br.)
Feinstruktur-Untersuchungen an künstlichen Zellulosefasern verschiedener Herstellungsverfahren.
Teil II: Der Kristallisationszustand
1956, 80 Seiten, 27 Abb., 11 Tabellen, DM 17,20

HEFT 262
Dr.-Ing. W. Batel, Aachen
Untersuchungen zur Absiebung feuchter, feinkörniger Haufwerke und Schwingsieben
1956, 100 Seiten, 45 Abb., 5 Tabellen, DM 23,40

HEFT 263
Prof. Dr. H. Lange und Dipl.-Phys. R. Kohlhaas, Köln
Über die Wärmeleitfähigkeit von Stählen bei hohen Temperaturen: Teil I: Literaturbericht
1956, 48 Seiten, 26 Abb., 8 Tabellen, DM 10,70

HEFT 264
Prof. Dr. W. Weizel, Bonn
Durch schnelle Funkenzusammenbrüche ausgelöste Signale auf einer Leitung
1956, 26 Seiten, 4 Abb., 3 Tabellen, DM 6,10

HEFT 265
Prof. Dr. F. Micheel und Dr. R. Engel, Münster
Eine Apparatur zur elektrophoretischen Trennung von Stoffgemischen
1956, 38 Seiten, 21 Abb., DM 9,20

HEFT 266
Fliesen-Beratungsstelle Bad Godesberg-Mehlem
Güteeigenschaften keramischer Wand- und Bodenfliesen und deren Prüfmethoden
1956, 32 Seiten, DM 7,10

HEFT 267
Prof. Dr. W. Weizel und B. Brandt, Bonn
Zur Stabilität stromstarker Glimmentladungen
1956, 36 Seiten, 7 Abb., DM 8,40

WESTDEUTSCHER VERLAG · KÖLN UND OPLADEN

HEFT 268
Prof. Dr.-Ing. G. Vogelpohl, Göttingen
Über die Tragfähigkeit von Gleitlagern und ihre Berechnung
1956, 76 Seiten, 24 Abb., 7 Tabellen, DM 16,85

HEFT 269
Markscheider R. Bals, Bochum
Eignung des Gebirgsankerausbaus zur Erleichterung des Streckenvortriebs im Steinkohlenbergbau
1956, 84 Seiten, 41 Abb., DM 18,75

HEFT 270
Dr. H. Krebs und Mitarbeiter, Bonn
Die Trennung von Racematen auf chromatographischem Wege
1956, 62 Seiten, 18 Tabellen, DM 12,95

HEFT 271
Prof. Dr.-Ing. H. Opitz und Dipl.-Ing. H. Axer, Aachen
Beeinflussung des Verschleißverhaltens bei spanenden Werkzeugen durch flüssige und gasförmige Kühlmittel und elektrische Maßnahmen
1956, 46 Seiten, 28 Abb., DM 10,70

HEFT 272
Prof. Dr. W. Fuchs und Dr. H. Dresia, Aachen
Untersuchungen über die Schnellverbrennung und Schnellvergasung fester Brennstoffe
1956, 56 Seiten, 14 Abb., 3 Tabellen, DM 11,90

HEFT 273
Fa. K. W. Tacke G.m.b.H., Wuppertal-Barmen
Erfahrungen beim Verspinnen von Perlonfasern und bei der Herstellung von Trikotagen aus gesponnenem Perlon
1956, 36 Seiten, DM 7,90

HEFT 274
Prof. Dr.-Ing. K. Krekeler, Aachen
Qualitative Untersuchungen bei Verbindungsschweißungen mittels Lichtbogenschweißautomaten unter Verwendung von Blankdraht und Zugabe von ferromagnetischem Pulver als Umhüllung
1956, 68 Seiten, 40 Abb., 8 Tabellen, DM 15,45

HEFT 275
Prof. Dr.-Ing. habil. K. Krekeler, Aachen, und Dipl.-Ing. H. Verhoeven, Aachen
Quantitative Untersuchungen von Punktschweißverbindungen an Tiefzieh- und Aluminiumblechen, die nach dem Argonarc-Punktschweißverfahren hergestellt werden
1956, 64 Seiten, 45 Abb., DM 14,60

HEFT 276
Fa. E. Haage, Mülheim (Ruhr)
Entwicklungsarbeiten im Apparatebau für Laboratorien
1956, 48 Seiten, 18 Abb., DM 10,50

HEFT 277
Dr.-Ing. W. Müchler, Essen
Untersuchung und zahlenmäßige Bestimmung der Schneideigenschaften von Messern mit besonderer Berücksichtigung rostfreier Messerstähle
1956, 60 Seiten, 27 Abb., 5 Tabellen, DM 13,20

HEFT 278
Dipl.-Ing. J. Stelter und Dipl.-Ing. H. Kickert, Aachen
I. Sichtbarmachung von Ultraschallfeldern unter Verwendung photographischer Emulsionsschichten
II. Methode zur Bestimmung der wirklichen Temperaturverhältnisse in Flüssigkeiten während der Beschallung (Nach einer Diplom-Arbeit von H. Schnitzler)
1956, 54 Seiten, 24 Abb., DM 12,75

HEFT 279
Dr. F. Keune, Aachen
Der gewölbte und verwundene Tragflügel ohne Dicke in Schallnähe
1956, 42 Seiten, 15 Abb., DM 9,25

HEFT 280
Dipl.-Ing. J. Stelter und Dipl.-Ing. E. Pfende, Aachen
Über Störerscheinungen bei Schallgeschwindigkeitsmessungen mittels der Interferometermethode
1956, 42 Seiten, 13 Abb., DM 9,60

HEFT 281
Prof. Dr.-Ing. K. Lürenbaum, Aachen
Der Meßwagen des Instituts für Maschinen-Dynamik der Deutschen Versuchsanstalt für Luftfahrt, Aachen
1956, 34 Seiten, 17 Abb., DM 8,60

HEFT 282
Bergrat a. D. Scherer, Bochum
Das B. T.-Schwelverfahren und seine Anwendung auf der Anlage Marienau
1956, 44 Seiten, 7 Abb., DM 9,60

HEFT 283
Prof. Dr. F. Wever und Dr.-Ing. W. Lueg, Düsseldorf
Warmstauchversuche zur Ermittlung der Formänderungsfestigkeit von Gesenkschmiede-Stählen
1956, 44 Seiten, 19 Abb., DM 9,90

Heft 284
Prof. Dr. F. Wever, Düsseldorf, Dr.-Ing. H. J. Wiester, Essen, Dr.-Ing. F. W. Straßburg, Duisburg, Prof. Dr.-Ing. H. Opitz, Aachen, und Dr.-Ing. K. H. Fröhlich, Köln
Einfluß des Gefüges auf die Zerspanbarkeit von Einsatz- und Vergütungsstählen
1957, 88 Seiten, 126 Abb., 11 Tab., DM 22,45

HEFT 285
Prof. Dr.-Ing. O. Kienzle, Dr.-Ing. K. Lange, Hannover, und Dipl.-Ing. H. Meinert, Osterode
Einfluß der Oberfläche auf das Verschleißverhalten von Schmiedegesenken
1956, 62 Seiten, 29 Abb., 8 Tabellen, DM 14,60

HEFT 286
Dr.-Ing. K. Lange, Hannover, Dipl.-Ing. H. Meinert, Osterode, unter Mitarbeit von Dr.-Ing. H. Arend, Mülheim (Ruhr)
Verschleißverhalten hartverchromter Schmiedegesenke
1956, 74 Seiten, 53 Abb., 6 Tabellen, DM 17,65

HEFT 287
Prof. Dr.-Ing. habil. K. Krekeler, Aachen
Änderungen der mechanischen Eigenschaftswerte thermoplastischer Kunststoffe bei Beanspruchung in verschiedenen Medien
1956, 62 Seiten, 23 Abb., 5 Tabellen, DM 13,70

HEFT 288
Dr. K. Brücker-Steinkuhl, Düsseldorf
Anwendung mathematisch-statischer Verfahren in der Industrie
1956, 103 Seiten, 27 Abb., 14 Tabellen, DM 24,20

HEFT 289
Prof. Dr.-Ing. H. Winterhager, Aachen
Kombinierter Widerstands- und Lichtbogen-Vakuumofen zur Verarbeitung von Titanschwamm
Prof. Dr. Dr. h. c. R. Schwarz, Aachen
Erforschung neuer Wege zur Darstellung von Titanmetall
1957, 42 Seiten, 18 Abb., DM 9,70

HEFT 290
Dr. D. Horstmann, Düsseldorf
I. Der verstärkte Angriff des Zinks auf Eisen im Temperaturgebiet um 500° C
II. Einfluß eines Antimongehaltes auf den Angriff von Zinkschmelzen auf Eisen
1956, 48 Seiten, 33 Abb., 3 Tabellen, DM 11,90

HEFT 291
Dr.-Ing. H. J. Wiester und Dr. D. Horstmann, Düsseldorf
Der Angriff eisengesättigter Zinkschmelzen auf silizium- und manganhaltiges Eisen
1956, 52 Seiten, 45 Abb., 8 Tabellen, DM 12,60

HEFT 292
Dipl.-Ing. W. Rohs und Text.-Ing. H. Griese, Bielefeld
Webversuche an Leinenwebstühlen mit verbesserter Schaftbewegung
1956, 34 Seiten, 3 Abb., 2 Tabellen, DM 7,60

HEFT 293
Prof. J. W. Korte, unter Mitarbeit von Dipl.-Ing. P. A. Mäcke und Dipl.-Ing. W. Leutzbach, Aachen
Die Leistungsfähigkeit von Verkehrsanlagen des motorisierten städtischen Straßenverkehrs
1956, 98 Seiten, 35 Abb., 5 Tabellen, 1 Falttafel, DM 22,50

HEFT 294
Dipl.-Ing. B. Naendorf, Essen
Untersuchungen industrieller Gasbrenner
1956, 58 Seiten, 6 Abb., 3 Tabellen, DM 12,40

HEFT 295
Prof. Dr.-Ing. H. Opitz und Dipl.-Ing. H. Axer, Aachen
Untersuchung und Weiterentwicklung neuartiger elektrischer Bearbeitungsverfahren
1956, 42 Seiten, 27 Abb., DM 10,30

HEFT 296
Prof. Dr.-Ing. H. Opitz, Aachen
I. Untersuchungen an elektronischen Regelantrieben
II. Statische Untersuchungen zur Ausnutzung von Drehbänken
1956, 46 Seiten, 18 Abb., DM 10,40

HEFT 297
Dr. K. Schaarwächter, Düsseldorf
Die Reduktion von Siliziumtetrachlorid im Lichtbogen zur nachfolgenden Silizierung von Eisenblechen
in Vorbereitung

HEFT 298
Prof. Dr.-Ing. E. Oehler, Aachen
Untersuchung von kritischen Drehzahlen, die durch Kreiselmomente verursacht werden
1956, 50 Seiten, 35 Abb., DM 13,15

HEFT 299
Dr. J. Fassbender und W. Hoppe, Bonn
Eine photoelektrische Nachlaufeinrichtung für Analogie-Rechenmaschinen
1956, 20 Seiten, 8 Abb., DM 7,65

HEFT 300
Prof. Dr. E. Schütz und Privatdozent Dr. H. Caspers, Münster
Tierexperimentelle Untersuchungen über die Alkoholwirkungen auf Erregbarkeit und bioelektrische Spontanaktivität der Hirnrinde
1956, 44 Seiten, 6 Abb., 1 Tabelle, DM 9,55

HEFT 301
Prof. Dr. W. Weltzien, Dr. G. Cossmann und P. Diehl, Krefeld
Über die fraktionierte Füllung von Polyamiden (II)
1956, 54 Seiten, 1 Abb., 16 Tabellen, DM 11,30

HEFT 302
Prof. Dr.-Ing. W. Wegener und Dipl.-Ing. W. Zahn, Aachen
Untersuchungen von gesponnenen Garnen auf ihre Gleichmäßigkeit nach verschiedenen Meßmethoden
1957, 58 Seiten, 34 Abb., DM 15,20

HEFT 303
Prof. Dr. Ing. S. Kiesskalt, Aachen
Das Institut der Forschungsgesellschaft Verfahrenstechnik e. V. an der Technischen Hochschule Aachen
1956, 76 Seiten, 20 Abb., 3 Tabellen, DM 16,40

HEFT 304
Prof. Dr.-Ing. K. Krekeler, Düsseldorf, und Dipl.-Ing. A. Kleine-Albers, Aachen
Beitrag zur thermoelastischen Warmformbarkeit von Hart-PVC
1957, 72 Seiten, 29 Abb., DM 17,70

HEFT 305
Prof. Dr.-Ing. K. Krekeler, Düsseldorf, Dr.-Ing. H. Peukert, Aachen, und Dipl.-Ing. W. Schmitz, Siegburg
Heißgas-Schweißung von Hart-Polyvinylchlorid mit Zusatzwerkstoff
1956, 44 Seiten, 27 Abb., 5 Tabellen, DM 12,50

HEFT 306
Prof. Dr. B. Rensch, Münster
Elektrophysiologische Untersuchungen zur Analysierung der Bildung von Assoziationen und Gedächtnisspuren in Gehirn und Rückenmark
Prof. Dr. A. Loeser, Münster
Akute und chronische Giftwirkungen sauerstoffhaltiger Lösungsmittel
1956, 36 Seiten, 9 Abb., DM 8,90

HEFT 307
Privatdozent Dr. J. Juilfs, Krefeld
Vergleichende Untersuchungen zur elastischen und bleibenden Dehnung von Fasern
1956, 36 Seiten, 11 Abb., DM 8,30

HEFT 308
Privatdozent Dr. J. Juilfs, Krefeld
Zur Messung der Fadenglätte
1956, 22 Seiten, 10 Abb., 2 Tabellen, DM 8,—

HEFT 309
Prof. Dr. K. Cruse und Mitarbeiter, Clausthal-Zellerfeld
Aufbau und Arbeitsweise eines universell verwendbaren Hochfrequenz-Titrationsgerätes
1957, 48 Seiten, 29 Abb., DM 11,90

HEFT 310
Dr. P. F. Müller, Bonn
Die Integrieranlage des Rheinisch-Westfälischen Instituts für Instrumentelle Mathematik in Bonn
1956, 62 Seiten, 6 Abb., 30 Satzskizzen, DM 14,45

HEFT 311
Prof. Dr. F. Wever und Dr. M. Hempel, Düsseldorf
Dauerschwingfestigkeit von Stählen bei erhöhten Temperaturen
Teil I: Erkenntnisse aus bisherigen Dauerschwingversuchen in der Wärme
1956, 48 Seiten, 19 Abb., 2 Tabellen, DM 10,90

HEFT 312
Prof. Dr. F. Wever und Dr. M. Hempel, Düsseldorf
Dauerschwingfestigkeit von Stählen bei erhöhten Temperaturen
Teil II: Zug-Druck-Dauerschwingversuche an zwei warmfesten Stählen bei Temperaturen von 500 bis 650°
1956, 48 Seiten, 20 Abb., 3 Tabellen, DM 11,80

HEFT 313
Prof. Dr. F. Wever, Dr. W. Koch und Dipl.-Phys. H. Rohde, Düsseldorf
Änderungen des Babitus und der Gitterkonstanten des Zementits in Chromstählen bei verschiedenen Wärmebehandlungen
1956, 88 Seiten, 29 Abb., 8 Tabellen, DM 20,90

HEFT 314
Prof. Dr. F. Wever, Dr.-Ing. A. Krisch, Düsseldorf, und Dr.-Ing. H.-J. Wiester, Essen
Veränderungen im Gefügeaufbau von Chrom-Nickel-Molybdän-Stählen bei langzeitiger Beanspruchung im Zeitstandversuch bei 500°
1956, 48 Seiten, 26 Abb., 5 Tabellen, DM 11,70

HEFT 315
Prof. Dr. F. Wever und Dr.-Ing. A. Krisch, Düsseldorf
Metallkundliche Untersuchungen an Zeitstandproben
1956, 38 Seiten, 12 Abb., DM 9,15

HEFT 316
Dr. F. Keune, Aachen
Zusammenfassende Darstellung und Erweiterung des Aequivalenzsatzes für schallnahe Strömung
1956, 80 Seiten, 22 Abb., DM 17,90

HEFT 317
Dr.-Ing. J. Stelter, Aachen
Mikrobiologische Ultraschallwirkungen
1957, 106 Seiten, 41 Abb., 12 Tab., DM 23,90

HEFT 318
Dipl.-Ing. H. Kickert, Aachen
Über die Ausbreitung von Ultraschall in Luft
in Vorbereitung

HEFT 319
Prof. Dr. C. Kröger, Aachen
Gemengereaktionen und Glasschmelze
1957, 118 Seiten, 53 Abb., 16 Tab., DM 26,—

HEFT 320
Dr. H.-E. Caspary, Köln
Verwendung von Szintillationszählern an Stelle von Zählrohren zur zerstörungsfreien Materialprüfung
1956, 42 Seiten, 13 Abb., 2 Tabellen, DM 10,10

HEFT 321
Prof. Dr. F. Wever, Düsseldorf, und Dr. W. Wepner, Köln
Gleichzeitige Bestimmung kleiner Kohlenstoff- und Stickstoffgehalte im *a*-Eisen durch Dämpfungsmessung
1956, 30 Seiten, 3 Abb., 4 Tabellen, DM 6,80

HEFT 322
Prof. Dr.-Ing. F. Bollenrath und Dipl.-Ing. W. Domke, Aachen
Eigenspannungen in vergüteten, dickwandigen Stahlzylindern nach Oberflächenhärtung mit induktiver Erwärmung
1956, 30 Seiten, 9 Abb., 2 Tabellen, DM 6,90

HEFT 323
Prof. Dr. R. Seyffert, Köln
Wege und Kosten der Distribution der Textilien, Schuh- und Lederwaren
1956, 98 Seiten, 37 Tabellen, 1 Falttaf., DM 12,—

HEFT 324
Prof. Dr.-Ing. H. Opitz, Dr.-Ing. E. Saljé und Dipl.-Ing. K. E. Schwartz, Aachen
Richtwerte für das Außenrund-Längs- und Einstechschleifen
1956, 62 Seiten, 44 Abb., 2 Tabellen, DM 13,85

HEFT 325
Prof. Dr. E. Schratz, Münster
Pharmakognostische Untersuchungen am Medizinal-Rhabarber
in Vorbereitung

HEFT 326
Prof. Dr.-Ing. E. Essers und Mitarbeiter, Aachen
Deichselkräfte an Lastzügen
in Vorbereitung

HEFT 327
Prof. Dr.-Ing. habil. K. Krekeler und Dr.-Ing. H. Peukert, Aachen
Beitrag zur thermoelastischen Formbarkeit von Polyäthylen
1956, 56 Seiten, 49 Abb, 9 Tabellen, DM 12,80

HEFT 328
Dr. H. Maeder, Belo Horizonte
Schweißen von Temperguß
in Vorbereitung

HEFT 329
Dipl.-Ing. A. Krüger, Karlsruhe, und Feuerwehr-Ing. R. Radusch, Dortmund
Wasserzerstäubung im Strahlrohr
1956, 86 Seiten, 21 Abb., 3 Tabellen, DM 18,65

HEFT 330
Dipl.-Physiker E. Pepping, Aachen
Die Durchflußzahl des Rechteckschlitzes in einer sehr großen Wand
1957, 54 Seiten, 21 Abb., DM 12,35

HEFT 331
Dipl.-Ing. G. Bretschneider, Ruit
Die Messung der wiederkehrenden Spannung mit Hilfe des Netzmodelles
1957, 46 Seiten, 21 Abb., 2 Tab., DM 11,20

HEFT 332
Prof. Dr.-Ing. R. Jaeckel und Dr. G. Reich, Bonn
Messung von Dampfdrucken im Gebiet unter 10^{-2} Torr
1956, 42 Seiten, 16 Abb., 2 Tabellen, DM 10,40

HEFT 333
Prof. Dipl.-Ing. W. Sturtzel und Dr.-Ing. W. Graff, Duisburg
I. Der Flachwassereinfluß auf den Form- und Reibungswiderstand von Binnenschiffen
II. Der Flachwassereinfluß auf die Nachstrom- und Sogverhältnisse bei Binnenschiffen
1956, 44 Seiten, 14 Abb., DM 9,80

HEFT 334
Prof. Dr. W. Weizel und Dr. G. Meister, Bonn
Spektralanalyse durch Messung des Interferenz-Kontrastes
1956, 42 Seiten, DM 9,80

HEFT 335
Prof. Dr. W. Weizel und H. Hornberg, Bonn
Untersuchungen der anodischen Teile einer Glimmentladung
1957, 62 Seiten, 14 Farbabb., 21 Abb., 1 Tab., DM 32,80

HEFT 336
Dr. Tung-ping Yao, Aachen
Die Viskosität metallischer Schmelzen
1957, 64 Seiten, 28 Abb., 2 Tab., DM 14,40

HEFT 337
Dr. R. Hoeppener und Dr. W. Bierther, Bonn
Tektonik und Lagestätten im Rheinischen Schiefergebirge
in Vorbereitung

HEFT 338
Prof. Dr.-Ing. W. Wegener, Aachen, und Dipl.-Ing. J. Schneider, M.-Gladbach
Die Bedeutung der Knotenart für die Herabminderung der Fadenbrüche
1957, 40 Seiten, 6 Abb., DM 9,80

HEFT 339
Prof. Dr.-Ing. W. Wegener und Dipl.-Ing. W. Zahn, Aachen
Vergleich des normalen mit verschiedenen abgekürzten Baumwollspinnverfahren in bezug auf Gleichmäßigkeit und Sortierungsstreuung der Garne
1956, 56 Seiten, 17 Abb., 17 Tabellen, DM 12,70

HEFT 340
Dipl.-Ing. W. Rohs und Dipl.-Ing. R. Otto, Bielefeld
Das Naßspinnen von Bastfasergarnen mit Spinnbadzusätzen unter Ausnutzung einer zentralen Spinnwasserversorgungsanlage
1956, 56 Seiten, 2 Abb., 6 Tabellen, DM 11,60

HEFT 341
Prof. Dr.-Ing. H. Winterhager und Dipl.-Ing. L. Werner, Aachen
Präzisions-Meßverfahren zur Bestimmung des elektrischen Leitvermögens geschmolzener Salze
1956, 44 Seiten, 19 Abb., 1 Tabelle, DM 10,60

HEFT 342
Prof. Dr.-Ing. H. Winterhager und Dipl.-Ing. W. Barthel, Aachen
Die Gewinnung von Titanschlackenkonzentraten aus eisenreichen Ilemniten
1957, 60 Seiten, 30 Abb., 6 Tab., DM 13,30

HEFT 343
Prof. Dr.-Ing. W. Petersen, Aachen, und Dipl.-Ing. S. Wawroschek, Aachen
Die zweckmäßigsten Gütebestimmungsverfahren und Brikettierungsbedingungen bei der Erzeugung von Braunkohlen-Eisenerz-Briketts
1956, 64 Seiten, 28 Abb., DM 13,95

HEFT 344
Prof. Dr.-Ing. W. Fucks, Aachen
Zur Deutung einfachster mathematischer Sprachcharakteristiken
1956, 38 Seiten, 12 Abb., DM 7,80

HEFT 345
Dipl.-Ing. G. Cerbe und Dipl.-Ing. H. Monstadt, Essen
Konvektive Trocknung mit gasbeheizter Luft und Trocknung durch Gasstrahler
1957, 46 Seiten, 16 Abb., DM 10,40

HEFT 346
Dipl.-Ing. O. Arnold, Aachen
Erfahrungen mit Kernbohrungen zur Lagerstättenuntersuchung im Erzbergbau
1957, 36 Seiten, 2 Abb., 3 Falttaf. 6 Tab., DM 8,80

HEFT 347
S. Ruff, F. Kipp, H. Hansteen und G. Müller, Bonn
Untersuchungen zur Frage der Gehörschädigungen des fliegenden Personals der Propellerflugzeuge
1957, 50 Seiten, 27 Abb., 3 Tab., DM 11,10

HEFT 348
Prof. Dr.-Ing. E. Piwowarsky und Dr.-Ing. E. G. Nickel, Aachen
Metallurgie eines hochwertigen Gußeisens mit kompakter bis kugelförmiger Graphitausbildung
1957, 54 Seiten, 27 Abb., 5 Tab., DM 13,30

HEFT 349
Dr.-Ing. W. A. Fischer, Dr.-Ing. H. Treppschuh und Dr.-Ing. K. H. Köthemann, Düsseldorf
Tiegel aus Schmelzmagnesia für Vakuuminduktionsöfen
1957, 34 Seiten, 14 Abb. DM 8,40

HEFT 350
Prof. Dr.-Ing. habil. K. Krekeler und Dr.-Ing. H. Peukert, Aachen
Das Spannungsverhalten der Kunststoffe bei der Verarbeitung
in Vorbereitung

HEFT 351
Prof. Dr.-Ing. H. Opitz, Dipl.-Ing. H. Axer und Dipl.-Ing. H. Rhode, Aachen
Zerspanbarkeit hochwarmfester und nichtrostender Stähle. Teil I
1957, 96 Seiten, 73 Abb., 2 Tab., DM 21,80

HEFT 352
Dipl.-Ing. H. Fauser, Aachen
Fahrdynamik und Batterie-Arbeitsverbrauch von Akkumulatorenlokomotiven im Untertagebetrieb
in Vorbereitung

HEFT 353
Forschungsinstitut für Rationalisierung, Aachen
Schlagwortregister zur Rationalisierung
1957, 376 S., DM 56,—

HEFT 354
Dipl.-Ing. D. Wagener, Aachen
Auswirkungen neuer Gaserzeugungs-Verfahren unter Berücksichtigung der Auswirkung auf den Kokereibetrieb
in Vorbereitung

HEFT 355
Prof. Dr.-Ing. habil. K. Krekeler, Dr.-Ing. H. Peukert und Dipl.-Ing. A. Kleine-Albers, Aachen
Heißgas-Schweißungen von Weich-Polyvinylchlorid mit Zusatzwerkstoff
in Vorbereitung

HEFT 356
Dipl.-Phys. G. Gurke, Aachen
Aufbau einer Meßanlage für Untersuchungen elektrischer Gasentladung im Bereiche großer p. d.-Werte
1956, 38 Seiten, 13 Abb., DM 8,65

HEFT 357
Prof. Dr.-Ing. W. Fucks, Aachen
Mathematische Analyse der Formalstruktur von Musik
in Vorbereitung

HEFT 358
Prof. Dr. rer. nat. W. Weltzien, Dipl.-Chem. P. Ringel und Text.-Ing. H. Kirchhoff, Krefeld
Die Waschechtheit von Färbungen. Vergleichende Untersuchungen auf dem Gebiete der Echtheitsprüfung
in Vorbereitung

HEFT 359
Dr.-Ing. F. J. Meister, Düsseldorf
Veränderung der Hörschärfe, Lautheitsempfindung und Sprachaufnahme während des Arbeitsprozesses bei Lärmarbeitern
1957, 84 Seiten, 11 Abb., 1 Tab., 40 Audiogramme, 40 Tab., DM 19,90

HEFT 360
Dr.-Ing. E. Barz, Remscheid
Fertigungsverfahren und Spannungsverlauf bei Kreissägeblättern für Holz
1957, 72 Seiten, 40 Abb., DM 17,—

HEFT 361
Dipl.-Ing. H. F. Klein, Aachen
Die nichtstationären Strömungsvorgänge und der Wärmeübergang in einem Schwingfeuergerät
in Vorbereitung

HEFT 362
Prof. Dr. med. G. Lehmann und Dipl.-Phys. D. Dieckmann, Dortmund
Die Wirkung mechanischer Schwingungen (0,5 bis 100 Hertz) auf den Menschen
1957, 100 Seiten, 53 Abb., 6 Tab., DM 22,50

WESTDEUTSCHER VERLAG · KÖLN UND OPLADEN

HEFT 363
Dr.-Ing. U. Domm, Frankenthal (Pfalz)
Über eine Hypothese, die den Mechanismus der Turbulenz-Entstehung betrifft
1956, 28 Seiten, 4 Abb., DM 6,45

HEFT 364
Prof. Dr. Th. Beste, Köln
Die Mehrkosten bei der Herstellung ungängiger Erzeugnisse im Vergleich zur Herstellung vereinheitlichter Erzeugnisse
in Vorbereitung

HEFT 365
Sozialforschungsstelle an der Universität Münster, Dortmund
Standort und Wohnort
in Vorbereitung

HEFT 366
Versuchsanstalt für Binnenschiffbau e. V., Duisburg
Bei Flachwasserfahrten durch die Strömungsverteilung am Boden und an den Seiten stattfindende Beeinflussung des Reibungswiderstandes von Schiffen
1957, 96 Seiten, 39 Abb., 28 Tab., DM 20,40

HEFT 367
Dr. rer. nat. D. Horstmann, Düsseldorf
Der Angriff eisengesättigter Zinkschmelzen auf kohlenstoff-, schwefel- und phosphorhaltiges Eisen
1957, 52 Seiten, 22 Abb., 6 Tab., DM 12,85

HEFT 368
Prof. Dr. phil. H. Kaiser, Dortmund
Entwicklung betriebsmäßiger spektrochemischer Analysenverfahren für technische Gläser
1957, 40 Seiten, 11 Abb., DM 9,10

HEFT 369
Prof. Dr.-Ing. R. Jaeckel und Dipl.-Phys. F. J. Schittko, Bonn
Gasabgabe von Werkstoffen ins Vakuum
in Vorbereitung

HEFT 370
Dr. phil. habil. F. Schwarz, Köln
Physikochemische Grundlagen der Bildsamkeit von Kalken unter Einbeziehung des Begriffes der aktiven Oberfläche
in Vorbereitung

HEFT 371
Dr. phil. W. Lejeune, Köln
Beitrag zur statistischen Verifikation der Minderheiten-Theorie
in Vorbereitung

HEFT 372
Prof. Dr. phil. M. von Stackelberg, Bonn
Untersuchungen zur Ausarbeitung und Verbesserung von polarographischen Analysenmethoden. 2. Bericht
1957, 44 Seiten, 9 Abb., 7 Tab., DM 10,10

HEFT 373
Dipl.-Ing. H. J. Koch, Essen
Druckgasfeuerung — ein Verfahren zum Betrieb von Gasfeuerstätten
1957, 38 Seiten, 8 Abb., 10 Tab., DM 8,50

HEFT 374
Dr. E. Paproth, Krefeld
Paläontologische Bearbeitung der in den devonischen Schichten des Siegerlandes enthaltenen Faunen
1957, 38 Seiten, 3 Tab., DM 8,30

HEFT 375
Technischer Überwachungsverein e. V., Essen
Wanddickenmessungen mittels radioaktiver Strahlen und Zählrohrgerät
in Vorbereitung

HEFT 376
Technischer Überwachungsverein e. V., Essen
Wasserumlaufprobleme an Hochdruckkesseln
in Vorbereitung

HEFT 377
Technischer Überwachungsverein e. V., Essen
Versuche an Wanderrostkesseln mit befeuchteter Verbrennungsluft
in Vorbereitung

HEFT 378
Oberingenieur H. Stein, M.-Gladbach
Beobachtung und maßtechnische Erfassung der Vorgänge im Spinn- und Aufwindefeld von Ringspinn- und Ringzwirnmaschinen
in Vorbereitung

HEFT 379
Laboratorium für textile Meßtechnik, M.-Gladbach
Schußfadenspannung beim Weben
in Vorbereitung

HEFT 380
Dipl.-Phys. R. Trappenberg, Karlsruhe
Theoretische und experimentelle Untersuchungen zur Staubverteilung einer Rauchfahne
in Vorbereitung

HEFT 381
Dr. J. Juils, Krefeld
Zur Dichtebestimmung von Fasern. Methoden und Beispiele der praktischen Anwendung
in Vorbereitung

HEFT 382
Dr. phil. habil. P. Hölemann, Ing. R. Hasselmann und Ing. G. Dix, Dortmund
Die Messung von Flammen und Detonationsgeschwindigkeiten bei der explosiven Zersetzung von Acetylen in Rohren
1957, 36 Seiten, 7 Abb., 4 Tab., DM 8,10

HEFT 383
Dr. phil. habil. P. Hölemann und Ing. R. Hasselmann, Dortmund
Verlauf von Azetylenexplosionen in Rohren bei Gegenwart von porösen Massen
in Vorbereitung

HEFT 384
Prof. Dr.-Ing. H. Opitz, Aachen
Schwingungsuntersuchungen an Werkzeugmaschinen
in Vorbereitung

HEFT 385
Prof. Dr.-Ing. H. Opitz, Aachen
Zerspanbarkeit hochwarmfester und nichtrostender Stähle. Teil II
in Vorbereitung

HEFT 386
Prof. Dr.-Ing. H. Opitz, Aachen
Standzeituntersuchungen und Verschleißmessungen mit radioaktiven Isotopen
in Vorbereitung

HEFT 387
Prof. Dr. med. W. Kikuth und Dozent Dr. med. L. Grün, Düsseldorf
Die Verhütung von Infektion durch Desinfektion des Raumes und der Raumluft
in Vorbereitung

HEFT 388
Prof. Dr. rer. nat. habil. W. Baumeister und Dr. rer. nat. H. Burghardt, Münster
Die Bedeutung der Elemente Zink und Fluor für das Pflanzenwachstum
1957, 48 Seiten, 17 Tab. DM 10,20

HEFT 389
Prof. Dr.-Ing. habil. H. Fink und K. W. Hoppenhaus, Köln
Die biologische Eiweiß-Synthese von höheren und niederen Pilzen und die alimentäre Lebernekrose der Ratte
1957, 76 Seiten, 2 Abb., 24 Tab., DM 15,60

HEFT 390
Dr.-Ing. J. Endres und Dr.-Ing. G. Hiebel, München
Berechnung der optimalen Leistungen, Kraftstoffverbräuche und Wirkungsgrade von Luftfahrt-Gasturbinen-Triebwerken am Boden und in der Höhe bei Fluggeschwindigkeiten von 0—2000 km/h und bei vorgegebenen Düsenausströmgeschwindigkeiten
in Vorbereitung

HEFT 391
Prof. Dr. phil. F. Wever, Dr. phil. W. Koch und Dipl.-Chem. F. Stricker, Düsseldorf
Die quantitative spektrographische Analyse von Gasgemischen aus Kohlenmonoxyd, Wasserstoff und Stickstoff
in Vorbereitung

HEFT 392
Prof. Dr. phil. F. Wever u. a., Düsseldorf
Untersuchungen über den Konverterrauch im Hinblick auf die spektrale Überwachung des Thomasprozesses
in Vorbereitung

HEFT 393
Dr.-Ing. O. Viertel und S. Brückner-Lucas, Krefeld
Arbeitszeitstudien an Haushaltwaschmaschinen
in Vorbereitung

HEFT 394
Privatdozent Dr. med. W. Koch, Münster
Die Ablagerung radioaktiver Substanzen im Knochen
in Vorbereitung

HEFT 395
Dipl.-Ing. L. Hahn, Clausthal-Zellerfeld
Untersuchungen zur Frage des optimalen Bohrloch- und Patronendurchmessers
in Vorbereitung

HEFT 396
Prof. Dr.-Ing. F. Schultz-Grunow, Dr.-Ing. A. Jogerich, Essen, Dipl.-Ing. H. Meyer, cand. ing. P. Sand, Aachen
Untersuchungen des Luftwiderstandes von Güterwagen
in Vorbereitung

HEFT 397
Techn.-Wissenschaftliches Büro für die Bastfaserindustrie, Bielefeld
Ungleichmäßigkeiten in Bändern von Bastfaserkarden, ihre Ursachen und Auswirkungen
in Vorbereitung

HEFT 398
Prof. Dr. habil. H. E. Schwiete, Aachen, u. a.
Einlagerungsversuche an synthetischem Mullit I. — Die Zusammensetzung der Schmelzphase in Schamottesteinen I
in Vorbereitung

HEFT 399
Prof. Dr. habil. H. E. Schwiete und Dr.-Ing. R. Vinkeloe, Aachen
Möglichkeiten der quantitativen Mineralanalyse mit dem Zählrohrgerät unter besonderer Berücksichtigung der Mineralgehaltsbestimmung von Tonen
in Vorbereitung

HEFT 400
Prof. Dr. phil. W. Fuchs und Dipl.-Chem. H. Weyerstrass, Aachen
Entwicklung eines Heißfilters zur Reinigung von Gichtgas eines mit Kohle betriebenen Niederschachtofens
in Vorbereitung

HEFT 401
Prof. Dr.-Ing. M. Lipp und Dipl.-Chem. G. Frielingsdorf, Aachen
Darstellung reaktionsfähiger Verbindungen des Camphansystems und Versuche zu deren Fluorierung
1957, 84 Seiten, DM 17,—

HEFT 402
Prof. Dr. W. Linke, Aachen
Die Wärmeübertragung durch Thermopane-Fenster
in Vorbereitung

HEFT 403
Prof. Dr.-Ing. P. Denzel und Dipl.-Ing. W. Cremer Aachen
Verbesserung der Benutzungsdauer der Höchstlast in ländlichen Netzen durch Anwendung elektrischer Geräte in der Landwirtschaft
in Vorbereitung

HEFT 404
Prof. Dr. R. Jaeckel und Dipl.-Phys. F. Gross, Bonn
Die Löslichkeit von Gasen in schwerflüchtigen organischen Flüssigkeiten
in Vorbereitung

HEFT 405
Prof. Dr.-Ing. H. Opitz und Dipl.-Ing. H. Schuler, Aachen
Untersuchungen für einen Wirtschaftlichkeitsvergleich der Feinbearbeitungsverfahren
in Vorbereitung

HEFT 406
W. Kirsch, Remscheid
Entwicklungsarbeiten auf dem Gebiete des Korrosionsschutzes
in Vorbereitung

HEFT 407
Prof. Dr.-Ing. H. Schenck, Aachen, und Dr.-Ing. W. Wenzel, Bad Godesberg
Entwicklungsarbeiten auf dem Gebiete der Verhüttung von Erzstaub in Schmelzkammern
in Vorbereitung

HEFT 408
Prof. Dr. phil. F. Wever, Dr.-Ing. W. Lueg und Dr.-Ing. H. G. Müller, Düsseldorf
Kraft- und Arbeitsbedarf beim Warmscheren von Stahl in Abhängigkeit von Temperatur und Schnittgeschwindigkeit
in Vorbereitung

HEFT 409
Prof. Dr. phil. F. Wever, Dr. phil. W. Koch, Dr. rer. nat. Ch. Hschner-Gensch und Dipl.-Phys. H. Rohde, Düsseldorf
Das Auftreten eines kubischen Nitrids in aluminiumlegierten Stählen
in Vorbereitung

HEFT 410
Prof. Dr. phil. F. Wever, Prof. Dr. rer. techn. A. Kochendörfer, Dr. phil. nat. M. Hempel, Düsseldorf und Dipl.-Phys. E. Hillenhagen, Köln
Biegewechselversuche mit Flachproben aus Alpha-Eisen-Einkristallen zur Bestimmung der Wechselfestigkeit und der Gleitspuren
in Vorbereitung

HEFT 411
Prof. Dr. W. Halbsguth und Dr. L. Sommer, Franfurt/M.
Grundlegende Versuche zur Keimungsphysiologie von Pilzsporen
in Vorbereitung

HEFT 412
Prof. Dr.-Ing. H. Opitz, Aachen
Kennwerte und Leistungsbedarf für Werkzeugmaschinengetriebe
in Vorbereitung

HEFT 413
Prof. Dr.-Ing. H. Opitz, Aachen
Richtwerte für das Fräsen von unlegierten und legierten Baustählen mit Hartmetall, Teil II
in Vorbereitung

HEFT 414
Dr. med. H. K. Parchwitz und Dr. med. C. Winkler, Bonn
Speicherung organischer Farbstoffe und künstlich radioaktiver Substanzen in Geschwülsten
in Vorbereitung

HEFT 415
Prof. Dr.-Ing. W. Paul, Dr. rer. nat. O. Osberghaus und Dipl.-Phys. E. Fischer, Bonn
Ein Ionenkäfig
in Vorbereitung

HEFT 416
Oberreg.-Gewerberat Dipl.-Ing. G. Steinicke, Hamburg
Die Wirkung von Lärm auf den Schlaf des Menschen
in Vorbereitung

HEFT 417
Prof. Dr.-Ing. habil. E. Rößger, Berlin
I. Teil: Die Entwicklung des Weltluftverkehrs, Ergänzungsbericht 1954
II. Teil: Die zivile Luftfahrtpolitik der USA
1957, 230 Seiten, 6 Abb., 83 Tab., DM 48,—

HEFT 418
O. Gdaniec, Mülheim/Ruhr
Über die Randlochkarte als Hilfsmittel in der Dokumentation
1957, 44 Seiten, 15 Abb., 8 Tab., DM 10,10

HEFT 419
K. Brooks
Die Messungen der Reflexionseigenschaften künstlicher und natürlicher Materialien mit quasi-optischen Methoden bei Mikrowellen
in Vorbereitung

HEFT 420
M. Vogel
Das Spektralgebiet zwischen dem langwelligen Ultrarot und Mikrowellen
in Vorbereitung

HEFT 421
ORR Dipl.-Volkswirt Dr. H. Rogmann, Düsseldorf
Die Erforschung der Verkehrskonjunktur und der langzeitigen Dynamik in der Verkehrswirtschaft (Zusammenfassung der eingegangenen Stellungnahmen und Vorschläge)
1957, 168 Seiten, 3 Tab., DM 26,60

HEFT 422
Prof. Dr.-Ing. K. Leist und Dipl.-Ing. W. Dettmering, Aachen
Prüfstände zur Messung der Druckverteilung an rotierenden Schaufeln
in Vorbereitung

HEFT 423
Prof. Dr.-Ing. K. Leist und Dr.-Ing. O. Thun, Aachen
Strömungsmessungen über Brennkammer-Wirkungsgrade
in Vorbereitung

HEFT 424
Prof. Dr.-Ing. K. Leist und Dipl.-Ing. I. Weber, Aachen
Spannungsoptische Untersuchungen von rotierenden Scheiben mit exzentrischen Bohrungen
in Vorbereitung

HEFT 425
Dipl.-Ing. H. Lübke, Hamburg
Gasturbinen und Strahlantriebe für Hubschrauber
in Vorbereitung

HEFT 426
Prof. Dr.-Ing. H. Opitz und Dipl.-Ing. W. Scholz, Aachen
Untersuchungen über den Räumvorgang
1957, 74 Seiten, 36 Abb., 7 Tab., DM 16,55

HEFT 427
Dr.-Ing. J. Endres, München
Kinematische Untersuchung eines Zweitakt-Hochleistungs-Dieseltriebwerks mit achsparallelen Zylindern und gegenläufigen Kolben
in Vorbereitung

HEFT 428
Dr.-Ing. J. Endres, München
Untersuchungen der Beschleunigungsverhältnisse eines Zweitakt-Hochleistungs-Dieseltriebwerks mit achsparallelen Zylindern und gegenläufigen Kolben
in Vorbereitung

HEFT 429
Prof. Dr. O. Kuhn, Köln
Selektive Wirkung verschiedener Stoffgruppen auf tierische Gewebe
1957, 54 Seiten, 32 Abb., DM 13,15

HEFT 430
Prof. Dr. G. Garbotz, Aachen und Dr.-Ing. G. Dress, Cadiz
Untersuchungen über das Kräftespiel an Flachbagger-Schneidwerkzeugen in Mittelsand und schwach bindigem, sandigem Schluff unter besonderer Berücksichtigung der Planierschilde und ebenen Schürfkübelschneiden
in Vorbereitung

HEFT 431
Prof. Dr.-Ing. H. Winterhager, Dr.-Ing. R. Kammel und Dipl.-Ing. W. Barthel, Aachen
Fortschritte auf dem Gebiet der Titanmetallurgie 1950—1955
in Vorbereitung

HEFT 432
Dipl.-Phys. R. Werz, Bonn
Die Entwicklung einer Synchrozyklotron-Ionenquelle
in Vorbereitung

HEFT 433
Dr.-Ing. G. Satlow, Aachen
Über einige physikalische und chemische Eigenschaften der Wolle von der gewaschenen Wolle bis zum Kammzug
1957, 72 Seiten, 15 Abb., 19 Tab., DM 15,25

HEFT 434
Dipl.-Ing. W. Rohs und Dr. J. Geurten, Bielefeld
Schlichten für Baumwollgarne
in Vorbereitung

HEFT 435
Dipl.-Ing. W. Rohs und Dipl.-Ing. L. Steinmetz, Bielefeld
Die Masseungleichmäßigkeit von Flachstreckenbändern in Abhängigkeit von Verzug und Dopplung
in Vorbereitung

HEFT 436
Priv.-Doz. Dr. habil. J. Juilfs, Krefeld
Zur Bestimmung der Reißlast (Zugfestigkeit) von Fasern, Fäden und Garnen
in Vorbereitung

HEFT 437
Prof. Dr. G. Schmölders und Dr. I. Meyer, Köln
Geldwertbewußtsein und Münzpolitik. — Das sogenannte Gresham'sche Gesetz im Lichte der ökonomischen Verhaltensforschung
in Vorbereitung

HEFT 438
Prof. Dr.-Ing. H. Winterhager und Dr.-Ing. L. Werner, Aachen
Bestimmung des elektrischen Leitvermögens geschmolzener Fluoride
in Vorbereitung

HEFT 439
Prof. Dr. phil. H. Lange, Köln und Dr. rer. nat. R. Kohlhaas, Neuß/Rh.
Anwendung der thermomagnetischen Analyse zum Studium des Umwandlungsverhaltens von Eisenwerkstoffen im Temperaturbereich von —150° C bis +150°C
in Vorbereitung

HEFT 440
Dr.-Ing. H. Wolf, Aachen
Gekoppelte Hochfrequenzleitungen als Richtkoppler
in Vorbereitung

HEFT 441
Dr. phil. habil. P. Hölemann und Ing. R. Hasselmann, Düsseldorf
Messung des Temperatur- und Druckverlaufes beim Füllen und Entspannen von Dissousgas
1957, 52 Seiten, 6 Abb., 7 Tab., DM 11,25

HEFT 442
Dipl.-Ing. W. Rohs, Text.-Ing. Griese und Text.-Ing. W. Lauer, Bielefeld
Die Auswirkungen der Trocknungsart naßgesponnener Leinengarne auf deren Verarbeitungswirkungsgrad sowie auf die Festigkeits- und Dehnungseigenschaften der Garne und Gewebe
1957, 28 Seiten, 2 Abb., 3 Tab., DM 6,50

HEFT 443
Prof. Dr. phil. W. Weizel und K. Kluth, Bonn
Über die Struktur der positiven Gleitentladungen
in Vorbereitung

HEFT 444
Dr.-Ing. W. Wilhelm, Aachen
Einfluß der Saugrohrabmessung, der Einlaßsteuerlage und der Größe des Kurbelkastenvolumens auf den Ladungswechsel eines Einzylinder-Zweitakt-Dieselmotors
in Vorbereitung

HEFT 445
Dr.-Ing. E. Barz, Remscheid
Fertigungs- und Prüfverfahren für Feilen
vergriffen

HEFT 446
Dr. med. G. Schäfer
Glutationsstoffwechsel und Sauerstoffmangel
in Vorbereitung

HEFT 447
Prof. Dr.-Ing. F. Bollenrath, Aachen, Dr.-Ing. H. Füllenbach, Seesen/Harz und Dipl.-Ing. J. Schumacher, Neubeckum/Westf.
Entwicklung rationell arbeitender Spritzkabinen
in Vorbereitung

HEFT 448
Dr. med. C. Winkler, Bonn
Ein Koinzidenz-Szintillometer zum Zwecke der Schilddrüsenfunktionsdiagnostik und der Tumordiagnostik
in Vorbereitung

HEFT 449
Priv.-Doz. Oberbaurat Dr.-Ing. W. Meyer zur Capellen und Mitarbeiter, Aachen
Bewegungsverhältnisse an der geschränkten Schubkurbel
in Vorbereitung

HEFT 450
Prof. Dr.-Ing. W. Paul, Bonn und Dipl.-Phys. H. P. Reinhard, M.-Gladbach
Das elektrische Massenfilter als Isotopentrenner
in Vorbereitung

HEFT 451
Prof. Dr. G. Schmölders, Köln
Rationalisierung und Steuersystem
in Vorbereitung

HEFT 452
Prof. Dr. rer. nat. W. Weltzien und Dr. phil. K. Windeck, Krefeld
Veränderungen an Fasern bei der Bleiche mit Natriumchlorid und über einige Vergilbungserscheinungen
in Vorbereitung

HEFT 453
Forschungsinstitut der Feuerfest-Industrie, Bonn
Die Arbeiten der technisch-wissenschaftlichen Kommission der PRE (Vereinigung der europäischen Feuerfest-Industrie)
in Vorbereitung

HEFT 454
Dr.-Ing. W. Piepenburg, Dipl.-Ing. B. Bühling und Bauing. J. Behnke, Köln
Haftfestigkeit der Putzmörtel
in Vorbereitung

WESTDEUTSCHER VERLAG · KÖLN UND OPLADEN

HEFT 455
Dr.-Ing. W. A. Fischer, Dr.-Ing. H. Treppschuh und Dipl.-Phys. K. H. Köthemann, Düsseldorf
Erschmelzung von Reinsteisen nach dem Kohlenstoffproduktionsverfahren und Kerbschlagzähigkeit-Temperatur-Kurven dieses Eisens
in Vorbereitung

HEFT 456
Priv.-Doz. Dir. Dr.-Ing. K. Bungardt, Essen
Zeitstandversuche an austenitischen Stählen und Legierungen
in Vorbereitung

HEFT 457
Prof. Dr. phil. F. Wever, Düsseldorf und Dr. phil. W. Wepner, Köln
Dämpfungsmessungen an schwach gereckten Eisen-Kohlenstoff-Legierungen
in Vorbereitung

HEFT 458
Prof. Dr.-Ing. H. Schenck und Dr.-Ing. E. Schmidtmann, Aachen
Das Frischen von Thomas-Roheisen mit Sauerstoff-Wasserdampf-Gemischen und die Eigenschaften der damit erblasenen Stähle
in Vorbereitung

HEFT 459
Prof. Dr. phil. F. Wever, Dr. phil. O. Krisement und Hanna Schädler, Düsseldorf
Ein isothermes Mikrokalorimeter zur kinetischen Messung von Umwandlungs- und Ausscheidungsvorgängen in Legierungen
in Vorbereitung

HEFT 460
Prof. Dr. phil. F. Wever und Dr. rer. nat. B. Ilschner, Düsseldorf
Ein isothermes Lösungskalorimeter zur Bestimmung thermo-dynamischer Zustandsgrößen von Legierungen
in Vorbereitung

HEFT 461
Prof. Dr.-Ing. habil. E. Piwowarski †, Prof. Dr.-Ing. W. Patterson und Dipl.-Ing. F. W. Iske, Aachen
Verbesserung der Zähigkeitseigenschaften von Bessemer-Stahlguß
in Vorbereitung

HEFT 462
Prof. Dr. rer. nat. J. Weissinger
Zur Aerodynamik des Ringflügels — II. Die Ruderwirkung
Zur Aerodynamik des Ringflügels — III. Der Einfluß der Profildicken
in Vorbereitung

HEFT 463
Dipl.-Ing. G. Plüss, Essen-Steele
Die Aufteilung der verbrennlichen Bestandteile in Verbrennungsgasen auf CO und H_2 bei Verbrennung mit Luftunterschuß und bei Luftüberschuß und künstlicher Flammenkühlung
in Vorbereitung

HEFT 464
Dr. phil. habil. P. Hölemann und Ing. R. Hasselmann, Dortmund
Die Möglichkeit der Zündung von Acetylen in Rohrleitungen beim Ausbleiben mit Stickstoff
in Vorbereitung

HEFT 465
Dr.-Ing. R. Koch, Köln
Amerikanische Fertigungsunterlagen und ihre Werkstattreifmachung für deutsche Betriebe
in Vorbereitung

HEFT 466
Prof. Dr.-Ing. J. Mathieu, Aachen
Überbetrieblicher Verfahrensvergleich
in Vorbereitung

HEFT 467
Prof. Dr. Dr. h. c. E. Klenk und Dr. phil. H. Faillard, Köln
Neue Erkenntnisse über den Mechanismus der Zellinfektion durch Influenzavirus
Die Bedeutung der Neuraminsäure als Zellreceptor für das Influenzavirus
in Vorbereitung

HEFT 468
Prof. Dr. med. Dr. med. dent. G. Korkhaus und Dr. med. R. Alfter, Bonn
Die Vakuumwurzelbehandlung
in Vorbereitung

HEFT 469
Dr. sc. agr. F. Riemann und Dipl.-Volksw. R. Hengstenberg, Göttingen
Zur Industrialisierung kleinbäuerlicher Räume
1957, 130 Seiten, 5 Karten, 23 Tab., DM 27,—

HEFT 470
O. Wehrmann
Hitzdrahtmessungen in einer aufgespaltenen Kármánschen Wirbelstraße
in Vorbereitung

HEFT 471
Prof. Dr. phil. habil. A. Naumann, Dr.-Ing. A. Heyser und Dr. phil. Dipl.-Ing. W. Trommsdorf, Aachen
Der Überdruck-Windkanal in Aachen
in Vorbereitung

HEFT 472
Dipl.-Ing. A. Freitag, Essen-Steele
Verhalten von Katalytstrahlern bei Betrieb mit Luftvormischung zum Gas und der Verbrennung von Luft gegen eine Gasatmosphäre
in Vorbereitung

HEFT 473
Prof. Dr. phil. F. Wever, Dr.-Ing. W. Lueg und Dipl.-Ing. P. Funke jr. Düsseldorf
Versuche an einer hydraulischen 25 t-Stangenziehbank
in Vorbereitung

HEFT 474
Dr.-Ing. R. Ibing und Dipl.-Ing. G. Meier, Hannover
Eichung und Entwicklung von Staubentnahmesonden
in Vorbereitung

HEFT 475
Prof. Dipl.-Ing. W. Sturtzel, Obering. Helm und Dipl.-Ing. Heuser, Duisburg
Systematische Ruderversuche mit einem Schleppkahn und einem Binnenselbstfahrer vom Typ „Gustav Koenigs“
in Vorbereitung

HEFT 476
Prof. Dipl.-Ing. W. Sturtzel und Dipl.-Ing. Schmidt-Stiebitz, Duisburg
Einfluß der Hinterschiffsform auf das Manövrieren von Schiffen auf flachem Wasser
in Vorbereitung

HEFT 477
Dr. K. Utermann, Dortmund
Freizeitprobleme bei der männlichen Jugend einer Zechengemeinde
in Vorbereitung

HEFT 478
Prof. Dr.-Ing. habil. W. Petersen und Dr.-Ing. S. Wawroschek, Aachen
Brikettierungsversuche zur Erzeugung von Möllerbriketts unter Verwendung von Braunkohle
in Vorbereitung

HEFT 479
Prof. Dr.-Ing. W. Wegener, Aachen und Dipl.-Ing. H. Fourné, Bochum
Ursachen des Überschreitens der Toleranzgrenze nach oben oder unten (Meter pro Gramm) an der Strecke
in Vorbereitung

HEFT 480
Dr. phil. K. Brücker-Steinkuhl, Düsseldorf
Anwendung mathematisch-statistischer Verfahren bei der Fabrikationsüberwachung
in Vorbereitung

HEFT 481
Oberbaurat Dr.-Ing. W. Meyer zur Capellen, Aachen
Fünf- und sechspunktige Geradführung in Sonderlagen des ebenen Gelenkvierecks
in Vorbereitung

HEFT 482
Dipl.-Ing. R. Pels-Leusden und Dr. K. Bergmann, Essen
Die Frostbeständigkeit von Ziegeln; Einflüsse der Materialzusammensetzung und des Brandes
in Vorbereitung

HEFT 483
Prof. Dr.-Ing. habil. F. A. F. Schmidt, Aachen
Gemischbildungs-, Selbstzündungs- und Verbrennungsvorgänge als Grundlage für Entwicklungsarbeiten an Gasturbinenbrennkammern
in Vorbereitung

HEFT 484
Prof. Dr. habil H. E. Schwiete und Dr. G. Schwiete, Aachen
Beitrag zur Struktur des Montmorillonit
in Vorbereitung

HEFT 485
Prof. Dr. phil. E. Jenckel, Aachen, Dr. H. Wilsing, Dormagen, Dr. H. Dörffurt, Wesseling/Bez. Köln und Dipl.-Phys. H. Rinkens, Eschweiler
Kristallisation und Hochpolymeren
in Vorbereitung

HEFT 486
Doz. Dr. med. E. Lerche und Dr. med. J. Schulze, Aachen
Hörermüdung und Adaptation im Tierexperiment
in Vorbereitung

HEFT 487
Prof. Dipl.-Ing. W. Blume, Duisburg
Festigkeitseigenschaften kombinierter Leichtbaustoffe im Hinblick auf die Verkehrstechnik, insbesondere des Flugzeugbaus
in Vorbereitung

GPSR Compliance

The European Union's (EU) General Product Safety Regulation (GPSR) is a set of rules that requires consumer products to be safe and our obligations to ensure this.

If you have any concerns about our products, you can contact us on ProductSafety@springernature.com

In case Publisher is established outside the EU, the EU authorized representative is:

Springer Nature Customer Service Center GmbH
Europaplatz 3
69115 Heidelberg, Germany

Batch number: 10585057

Printed by Printforce, the Netherlands